调度自动化设备应用丛书

变电站时间同步装置

河北电力调度控制中心　组编

王亚军　主编

中国电力出版社

CHINA ELECTRIC POWER PRESS

内 容 提 要

在电力系统中，电压、电流、功率、相角等都是基于时间轴的波形，统一精准的时间源对电网安全稳定运行至关重要。电力系统的继电保护装置、自动化装置、安全稳定控制系统、能量管理系统和生产信息管理系统等必须基于统一的时间基准运行，以满足系统安全稳定性判别、线路故障录波与测距、经济调度运行以及事故反演分析等不同功能对时间一致性的要求。

本书共分五章，分别对时间同步装置基本原理、时间同步装置通信协议、"四统一"时间同步装置和非"四统一"时间同步装置、时间同步装置常见故障及处理、时间同步装置检测、时间同步装置验收进行了详细的讲述。

本书适合于从事电力调度自动化领域的科研人员、技术管理人员、规划设计人员、工程运维人员、检测人员阅读，也可以作为电力专业的大学生了解时间同步装置的基础读本。

图书在版编目（CIP）数据

变电站时间同步装置 / 河北电力调度控制中心组编；王亚军主编 . —北京：中国电力出版社，2022.4

（调度自动化设备应用丛书）

ISBN 978-7-5198-6389-0

Ⅰ. ①变⋯ Ⅱ. ①河⋯②王⋯ Ⅲ. ①变电所–时间同步–自动化设备 Ⅳ. ①TM63

中国版本图书馆 CIP 数据核字（2022）第 000668 号

出版发行：	中国电力出版社
地　　址：	北京市东城区北京站西街 19 号（邮政编码 100005）
网　　址：	http://www.cepp.sgcc.com.cn
责任编辑：	周秋慧（010-63412627）
责任校对：	黄　蓓　马　宁
装帧设计：	张俊霞
责任印制：	石　雷
印　　刷：	北京雁林吉兆印刷有限公司
版　　次：	2022 年 4 月第一版
印　　次：	2022 年 4 月北京第一次印刷
开　　本：	710 毫米×1000 毫米　16 开本
印　　张：	12.5
字　　数：	236 千字
定　　价：	62.00 元

编 委 会

前　言

在电力系统中，电压、电流、功率、相角等都是基于时间轴的波形，统一精准的时间源对电网安全稳定运行至关重要。电力系统的继电保护装置、自动化装置、安全稳定控制系统、能量管理系统和生产信息管理系统等必须基于统一的时间基准运行，以满足系统安全稳定性判别、线路故障录波与测距、经济调度运行以及事故反演分析等不同功能对时间一致性的要求。近几年随着国家北斗系统的稳步发展，电力系统时间同步系统对时源也从单一的美国 GPS 时间源发展到以国产北斗导航定位系统为主、美国 GPS 为辅，时间同步系统越发成熟和稳定。我国已投运的智能变电站中，出现不少由于对时问题导致的采集数据不同步、事故总或者开关变位 SOE 错误等问题，影响电网运行实时监视。因此，需要一部全面介绍时间同步基本原理、现场应用及故障处置的书籍，为时间同步装置在变电站中的应用提供参考。

本书详细讲述了电力系统的时间同步系统相关技术，包括基本原理、关键技术、通信协议和系统结构等，并结合工程现场，对时间同步装置的常见故障处理方法、检测和验收等进行了详细介绍。第一章介绍了时间的基本概念、时间同步技术的基本原理和电力系统常用的时间同步授时信号及接口类型；第二章介绍了时间同步装置常用的通信协议；第三章介绍了"四统一"时间同步装置和几个主流厂家的非"四统一"时间同步装置；第四章介绍了时间同步装置常见故障及处理；第五章介绍了时间同步装置检测，包括输出信号检测与装置功能检测；第六章介绍了时间同步装置的验收要求。

本书由河北电力调度控制中心组织编写，在编写过程中得到国家电网有限公司华北分部、中国电力科学研究院、陆军工程大学石家庄校区、山东科汇电力自动化股份有限公司、山东山大电力技术股份有限公司、东方电子股份有限公司、武汉国电武仪电气股份有限公司、武汉中元华电科技股份有限公司、武汉凯默电气有限公司、成都府河电力自动化成套设备有限责任公司的大力支持，在此，对各单位的辛勤付出表示诚挚的感谢。

本书适合于从事电力调度自动化领域的科研人员、技术管理人员、规划设计人员、工程运维人员、检测人员阅读，也可以作为电力专业的大学生了解时间同步装置的基础读本。

由于编者水平有限，书中难免有疏漏或不足之处，欢迎各位专家和读者给予批评指正！

编　者
2021 年 12 月

目　录

前言

第一章　时间同步装置基本原理 ………………………………………………… 1

　　第一节　时间的定义 ……………………………………………………… 1
　　第二节　时间同步技术 …………………………………………………… 3
　　第三节　电力系统时间同步装置工作原理 ……………………………… 6
　　第四节　时间同步系统结构 ……………………………………………… 11

第二章　时间同步装置通信协议 ………………………………………………… 16

　　第一节　IEC 61850 ……………………………………………………… 16
　　第二节　IEC 60870 – 5 – 104 …………………………………………… 32
　　第三节　IEEE 1588 ……………………………………………………… 39

第三章　时间同步装置的分类及应用 …………………………………………… 44

　　第一节　"四统一"时间同步装置 ……………………………………… 44
　　第二节　非"四统一"时间同步装置 ………………………………… 56

第四章　常见故障及处理 ………………………………………………………… 142

　　第一节　装置自检类故障及处理 ………………………………………… 142
　　第二节　时间同步装置通信类故障及处理 ……………………………… 143
　　第三节　时间同步装置对时异常类故障及处理 ………………………… 144
　　第四节　典型故障案例及分析 …………………………………………… 145

第五章　时间同步装置检测 ……………………………………………………… 147

　　第一节　输出信号检测 …………………………………………………… 147
　　第二节　装置功能检测 …………………………………………………… 155

第六章　时间同步装置验收 ………………………………… 168

　第一节　总体要求 ……………………………………………… 168
　第二节　现场联调验收 ………………………………………… 169
　第三节　现场验收细则 ………………………………………… 174

附录A　IRIG-B码码元定义及波形 …………………………… 179

附录B　时间同步装置故障及告警触发条件 ………………… 182

附录C　时间同步装置菜单配置要求 ………………………… 184

附录D　主时钟多时源选择 …………………………………… 186

附录E　测试报告 ……………………………………………… 189

第一章

时间同步装置基本原理

第一节 时间的定义

时间是物理学的基本参量之一，也是物质存在的基本形式之一，构成时空坐标的第四维。时间的概念表示物质运动的连续性，事件发生的次序和长短，与长度、质量、温度等其他物理量相比，时间最大的特点是不可能保持恒定不变，而是永不停止。

一、时间的基本概念

1. 时间间隔、时刻

时间的概念包含时刻（点）和时间间隔（周期）。时间间隔是指两个瞬间之间的间隔长，时刻指连续流逝的时间的某一瞬间。"时"是对物质运动过程的描述，"间"是指人为的划分，如年、月、日、时、分、秒。日常生活对时间的划分精细到秒已经足够，但在行业应用场合对时间要求高的，则需要继续向下划分，如毫秒、微秒、纳秒等。时系（时间坐标系）是由时间起点和时间尺度单位——秒定义（又分地球秒与原子秒）所构成。国际上各领域定义有不同的时间参考坐标系，而时刻就是某个坐标系时间轴上的一个点。

2. 频率、周期

频率反映的是物体在单位时间内的运动次数，其国际标准单位赫兹（Hz）是物体在 1s 内的运动次数，每一次的运动所经历的时长称为周期。因此通常将周期与频率通过倒数关系相互联系。

二、常用时系

1. 天文时

通常，我们把通过观测天文现象——日月星辰的周期性运动得到的时间统称为天文时。天文时包括恒星时、太阳时、地方时、世界时、历书时和脉冲星时等。太阳时应用最为广泛，太阳时是指以太阳日为标准来计算的时间，可以分为真太阳时和平太阳时。其中平太阳时是使用最为长久、与生活作息最为密切的天文时。

平太阳时是以太阳在地球上的投影位置来确定时间的，但因为地球绕太阳公转运动的轨道是椭圆，所以真太阳周日视运动的速度是不均匀的（即真太阳时是不均匀的）。为了克服其不均匀性，于是以真太阳周日视运动为基础，引进了平均太阳日的概念。平均太阳时的基本单位是平均太阳日，1平均太阳日等效于24平均太阳小时，1平均太阳小时等效于3600平均太阳秒。

2. 国际原子时（TAI）

全世界的参考时间标准是由国际计量局（BIPM）时间部确定的国际原子时（TAI）和协调世界时（UTC）。原子时间计量标准在1967年正式取代了天文学的秒长的定义，新秒长规定为：位于海平面上的铯 Cs133 原子基态的两个超精细能级间在零磁场中跃迁振荡 9192631770 个周期所持续的时间为一个原子时秒，称之为国际原子时（TAI），其稳定度可以达到 10^{-14} 以上。国际原子时起点在1958年1月1日0时，即在这一瞬间，原子时和世界时重合。国际原子时的基本单位是原子时秒。截至2016年，分布在34个国家和地区、73个时频实验室的约300台各种类型原子钟的时间比对数据，通过 GPS 时间比对技术和双向卫星时间频率传递（TWSTFT）技术定期传送到 BIPM 时间部，BIPM 时间部汇总所有这些原子钟的数据，并通过特定的算法得到高稳定度、高准确度的国际原子时。

3. 协调世界时（UTC）

原子时是均匀的计量系统，这对于测量时间间隔非常重要。但世界时以地球自转为基础，时刻反映地球在空间的位置，并与春夏秋冬、白天黑夜的周期相对应。为兼顾这两种需要，引入了协调世界时（UTC）系统。协调世界时的秒长也是原子时秒，时刻上通过设置闰秒的方法与由地球自转确定的世界时（UTI）相接近。UTC 在1972年定义，它代表了 TAI 和 UTI 的结合，从那时起它成为国际标准时间。根据定义，UTC 具有与 TAI 完全相同的计量性质，即原子时，同时它与 UTI 的差异不大于1s，满足了 UTI 用户的实时需求。

4. 闰秒

UTC 在秒长上使用原子时秒，但是在时刻上，需要通过人工干预，使其尽量靠近世界时。这就需要对 UTC 进行闰秒操作，即每当 UTC 与世界时 UTI 时刻之差接近或超过0.9s时，在当年的6月底或12月底的 UTC 时刻上增加1s或减少1s。

第二节 时 间 同 步 技 术

时间同步，也叫授时，是指确定、保持某种时间尺度，并通过一定方式将代表这种时间尺度的时间信息传递给其他用户的一系列工作。古代，人们以观象测时，以打更、晨钟暮鼓、武炮的方式进行授时，基本上满足了劳作和生活需求。17世纪，随着航海事业的发展，出现了落球报时。随着科学技术的进步，授时手段得到长足发展，各种高精度授时技术相继产生，授时技术由陆基的短波、长波、低频时码授时发展到天基的卫星授时，授时精度从早期的秒级发展到现在的微秒、纳秒、亚纳秒级，授时的精度和质量大大提高。当今社会，从基础科学研究（天文学、地球动力学、物理学等领域）到工程技术领域（通信与信息传递、导航定位、卫星发射、武器试验、电力配送、能源、交通运输、地震监测和计量测试领域），时间同步技术都得到了广泛的应用。

一、常用参考时间源

随着科学技术的发展，授时技术由陆基的短波、长波、低频时码授时发展到天基的卫星授时。目前常用的参考时间源包括以下几类：

（1）无线电授时。无线电授时包括短波对时台、长波对时台和低频时码对时台等，无线电授时通过无线电波传送时间基准信号。如国家授时中心短波授时台（短波授时，呼号 BPM）、Loran－C 远程陆基无线电导航系统（长波）、WWVB 时间码（低频时码）和 DCF77 低频时码台（低频时码）等。

（2）天基全球定位系统。

1）中国的北斗卫星导航系统（BDS）。

2）美国的全球定位系统（GPS）。

3）俄罗斯的格洛纳斯卫星导航系统（GLONASS）。

4）欧洲的伽利略系统（GALILEO）。

（3）地基地面时间链路。通过电缆、光缆、网络在地面上直接传送的称为有线时间基准信号。如时钟通过电缆、光缆为其他设备提供的授时信号和 SDH 网通过光缆等发送的频率同步信号等。

二、电力系统常用参考时间源

电力系统的时间同步系统采用天基为主、地基为辅的模式进行授时和同步，天基时间源主要使用中国的北斗三代卫星导航定位系统和美国的 GPS 全球定位系统，也可接收俄罗斯的格洛纳斯（GLONASS）系统和欧洲的伽利略（GALILEO）系统。地基时间源主要使用电缆、光缆传输 IRIG－B 码。

1. 北斗卫星导航定位系统

北斗卫星导航定位系统是中国自行研制的全球卫星导航，是继 GPS、GLONASS 系统之后第三个成熟的卫星导航定位系统。

目前北斗卫星导航定位系统已经由北斗一代、北斗二代逐步升级为北斗三代。该系统由空间端、地面端和用户端组成，空间端包括 6 颗同步轨道卫星、24 颗非静止轨道卫星和 5 颗备用卫星。地面端包括主控站、注入站和监测站等若干个地面站。用户端由北斗用户终端以及与 GPS、GLONASS、GALILEO 等其他卫星导航系统兼容的终端组成。

北斗三代卫星导航定位系统可在全球范围内全天候、全天时为各类用户提供高精度、高可靠定位、导航、授时服务，并具备短报文通信能力。已经具备全球导航、定位和授时能力，定位精度优于 10m，授时精度优于 10ns。

截至 2020 年 7 月，中国已成功发射 55 颗各类北斗导航卫星，目前在轨卫星共计 40 颗。能够为全球用户提供基本导航（定位、测速、授时）、全球短报文通信、国际搜救服务，中国及周边地区用户还可享有区域短报文通信、星基增强、精密单点定位等服务。

2. GPS 全球定位系统

GPS 全球定位系统是导航卫星测时、测距、定位和导航系统。该系统由美国政府于 20 世纪 70 年代开始进行研制，于 1994 年全面建成。它可以为地球表面绝大部分地区（98%）提供准确的定位、测速和高精度的时间标准。该系统包括太空中的 24 颗 GPS 卫星、地面上的 1 个主控站、3 个数据注入站和 5 个监测站及作为用户端的 GPS 接收机。

空间卫星部分由 24 颗卫星组成，各卫星的原子钟相互同步并与地面站组的原子钟同步，建立起导航卫星系统的精密时间体系。GPS 卫星以载码的形式向地面发射导航信号和时间信号，其信号的传播和接收不受天气的影响。

地面部分由主控站、监测站、地面控制站和 GPS 接收机组成。主控站接收 5 个卫星监测站发送的数据，计算卫星的轨迹和钟参数，然后将这些结果送到 3 个地面控制站，以便向卫星加载数据。由主控站传来的卫星星历和钟参数，经 S 波段射频链上行注入到各卫星。这套系统可完成跟踪所有的卫星，以便进行轨道和钟测定、预测修正模型参数、星钟同步和为卫星加载数据电文等，以保证 GPS 和星历和钟参数精确度。

GPS 接收机将接收到的 GPS 卫星信号进行解码运算和处理，然后给出用户所处位置坐标、速度以及时间信息。

3. GLONASS 系统

GLONASS 系统是苏联建立的类似于 GPS 的天基无线电导航系统，其前身

CICADA 与美国海军卫星导航系统 NNSS（子午系统）同期，于 1965 年设计，20 世纪 70 年代中期开始启动 GLONASS 计划，1982 年 10 月 12 日发射第一颗 GLONASS 卫星，1996 年 1 月 18 日，完成 24 颗卫星的布局，卫星具备完全工作能力。

GLONASS 系统由 24 颗卫星组成，它们均匀分布在轨道高度约为 20 000km 的 3 个轨道平面上，每个平面上分布 8 颗卫星。轨道倾角为 64.8°，轨道周期为 11h 15min。同 GPS 一样，GLONASS 系统由空间段、地面段和用户端三部分组成，其功能与 GPS 系统的各组成部分的功能基本相同。

4. GALILEO 系统

GALILEO 系统是由欧盟研制和建立的全球卫星导航定位系统，2002 年 2 月 26 日正式启动建设。GALILEO 系统由 30 颗高轨道卫星组成，分布在轨道高度为 23 616km、倾角为 56° 的 3 个轨道面上。

GALILEO 系统是世界上第一个基于民用的全球卫星导航定位系统。该系统 2016 年 12 月 15 日投入使用。

三、各参考时间源的优缺点

1. 全球定位系统

以卫星系统作为参考时间源，目前常用的卫星定位系统包括北斗卫星导航系统（BDS）和全球定位系统（GPS）。

优点：构建时间同步网相对容易，同步网不受地域限制。

缺点：由于属于微波无线传递，信号容易受外界因素干扰（如大气、电离层反射、城市楼群多径反射，甚至是人为干扰）。

2. 地面有线基准

地面有线基准一般通过电缆或光缆传输 IRIG−B 码信号来实现授时系统的组网，具有以下特点：

优点：组网简单、可控性较好，并且时间同步网受外界自然因素干扰少。

缺点：同步网受制于通信网覆盖面，且通信链路传输延时影响授时精度。由于发送 IRIG−B 码的时钟本质上是一个当地时钟，需要与外部时间源进行同步，该外部时间源一般是北斗或 GPS 等卫星导航定位系统，因此也有一定的外部干扰因素。

四、守时技术

守时技术是指将本地钟已校准的标准时间保持下去的过程，其本质是依靠钟内部的频率基准驱动计时部分持续走时，实现守时。因而守时准确与否，很大程度取决于钟内部的频率基准的性能。具备守时能力才能称为钟，否则只能作为扩展装置。因此只要是钟，无论主钟、从钟、扩展钟，都需要有守时功能。

不同类型的频率基准包括机械摆、游丝、石英晶体振荡器、原子频标。

机械摆根据其摆臂的长度，有其固有的谐振频率，可以作为时钟的基准，如老式的挂钟、座钟。将摆臂做成螺旋状，可大大缩小时钟的体积，俗称游丝，如马蹄表、手表。

由于机械摆的振荡频率不够稳定，机械表的精度不高。进入电子时代，人们发明了电子摆，即石英晶体振荡器，简称石英晶振。一般石英晶振的振荡频率稳定性非常高，且具有体积小、成本低的特点，应用非常广泛。

石英晶振的缺点是温度稳定性差，温度的变化会造成时钟的误差。为了得到更高的精度，可根据温度对石英晶振的振荡频率进行补偿，这就是温度补偿石英晶体振荡器，简称温补晶振。给晶振盖个密闭的小房子，使其温度恒定，可将晶振的振荡频率稳定性提高，这种晶振称恒温晶振。使用石英晶振作为基准的时钟称电子钟或石英钟。

如果需要更稳定的振荡频率，晶振就不能胜任了。研究发现，有些元素的原子从一种能量状态到另一种能量状态所发射出的电磁波异常稳定。根据这一现象设计制造了振荡频率超级稳定的振荡源——原子频标。原子频标的振荡频率稳定性根据其使用的元素（铷、铯、氢）可达 $1\times10^{-13}\sim1\times10^{-10}$。使用原子频标作为基准的时钟称原子钟。石英晶振与原子钟的比较见表 1-1。

表 1-1　　　　　　　　　石英晶振与原子钟的比较

参数	石英晶振			原子钟		
	VCXO	TCXO	OCXO	铷种	铯钟	氢钟
准确度（年）	10^{-5}	2×10^{-6}	10^{-8}	5×10^{-10}	10^{-11}	10^{-12}
老化率（年）	2×10^{-6}	5×10^{-7}	5×10^{-10}	2×10^{-10}	—	10^{-12}
温度稳定度	3×10^{-5}	5×10^{-7}	10^{-9}	3×10^{-10}	10^{-11}	—
稳定度（1s）	5×10^{-6}	10^{-9}	10^{-12}	5×10^{-12}	5×10^{-11}	10^{-13}
尺寸（cm³）	3	10	20～200	150～400	6000	7000
热稳定时间	1s	0.1min	4min	10min	20min	10h
功耗（W）	0.2	0.04	0.6	8～12	30	140
价格（$）	2～5	2～5	100～2K	1K～5K	30K～60K	60K～100K

第三节　电力系统时间同步装置工作原理

电力系统中，电压、电流、功角等特征量测量都是时间相关函数，统一精准的时间源对于电网安全稳定运行至关重要，电力系统的继电保护装置、自动化装置、安全稳定控制系统、能量管理系统和生产信息管理系统等必须基于统一的时间基准运行，以满足系统安全稳定性判别、线路故障录波与测距、经济调度运行，以及事故反演分析等不同功能对时间一致性的要求。

时间同步系统为电网的各级调度机构、发电厂、变电站、集控中心等提供统一的时间基准，以满足各种电网运行监控系统（如调度自动化系统、能量管理系统、生产信息管理系统）和监控自动化设备（如继电保护装置、智能电子设备、事件顺序记录装置、厂站自动控制设备、安全稳定控制装置、故障录波器）等对时间同步的技术要求，确保实时数据采集时间一致性，实现线路故障测距、相量和功角动态监测、机组和电网参数校验的准确性，提高电网事故分析和稳定控制的水平，并进一步提升电网运行效率和可靠性，适应我国大电网互联、特高压输电及智能化电网发展的需要。

一、基本原理

时间同步，是指收发双方在时间上步调保持一致，故又称为对时。通常所说的时间同步包括两部分：一是频率和相位上的同步；二是时间码、时间信息上保持一致。电力系统时间同步既包括时间码，即年、月、日、时、分、秒等时间信息的一致，也包括相位，即秒的起始时刻的一致。常规对时所谓的软对时（一般为串口报文对时）即为时间码的统一，而硬对时（一般为无源空接点脉冲）即为时间相位的统一。目前变电站一般采用二者结合的同步方式。老的变电站一般采用脉冲加串口报文的同步方式，现如今常规变电站和智能变电站一般采用 NTP 加 IRIG−B 码的同步方式。

电力系统时间同步装置的基本工作原理是一个接收同步、发送同步的过程。时间同步装置接收外部基准信号，同步解码后，将时间码重新转换为电力系统各类自动化装置及继电保护装置能够接收并同步的授时码，并对其授时。时间同步装置包括主时钟和从时钟。主时钟接收外部无线基准信号和有线基准信号，从时钟接收主时钟发出的有线时间基准信号。两个主时钟间一般通过光 IRIG−B 码互联，进行冗余互备，从时钟接收两个主时钟发送的光 IRIG−B 码进行同步。为了提高授时稳定性，主时钟和从时钟均具备高精度自守时，保证自身输出的授时信号的连续性。主时钟和从时钟共同向电力系统各类自动化装置及继电保护装置提供各类装置能够接收识别的不同信号类型和接口类型的对时信号。

主时钟能接收的外部无线基准信号主要有中国北斗卫星导航系统和 GPS 全球定位系统。出于安全自主可控方面的考虑，一般采用以北斗卫星导航系统为主，GPS 全球定位系统为辅助的多源同步方式，确保时间同步系统具有较好的同步状态。

此外，时间同步系统还可以接收地面有线信号，进一步提高系统的同步稳定性。

二、电力系统常用的同步模式

电力系统是与时间频率密切关联的复杂大系统。调度自动化及管理系统、广域相量测量、计费系统、继电保护装置、测控装置、故障录波装置等系统和设备均需要进行时间同步，由于各设备、系统对时间同步的要求不同，因此对时方式也各不相同。目前电力系统常用同步模式有脉冲加串口报文同步模式和NTP加IRIG－B码同步模式两种。除了此两种同步方式外，还有PTP（IEC 61588）同步方式，由于使用较少，不再详细叙述。

（一）脉冲加串口报文同步模式

继电保护、故障录波器等包含多个物理量采集的自动化装置，为了使各物理量的采样保持一致，需要对各个采集单元进行相位同步，通常采用脉冲同步模式，即所谓的硬对时模式。根据精度要求不同，同步脉冲可采用秒脉冲（PPS）、分脉冲（PPM）、时脉冲（PPH），甚至天脉冲（PPD）等。为了便于故障后的启动顺序分析和故障类型分析，各自动化装置的时间必须保持一致。但由于脉冲信号不包含年、月、日、时、分、秒等时间信息，因此设备需要通过串口报文来获取需要的时间信息，即所谓的软对时模式。

脉冲加串口报文同步模式如图1－1所示。

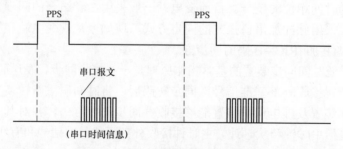

图1－1　脉冲加串口报文同步模式

脉冲加串口报文同步模式需要从同步装置引出大量对时接点信号，回路接线较多，设计复杂烦琐，对时模式不够简洁，该同步方式目前已基本淘汰。

（二）NTP加IRIG－B码同步模式

电力系统的调度自动化系统、电量计费系统、站端主站系统、保信子站等系统的服务器、工控机等设备对时间的要求在毫秒级，一般采用NTP/SNTP等模式进行时间同步。而继电保护装置、故障录波器、行波测距等装置一般采用IRIG－B码的同步模式。这两种同步模式在当前的电力系统使用较为普遍。

1. NTP 工作原理

NTP 网络时间协议（Network Time Protocol）是用来同步网络中各个 IP 设备的时间的协议。NTP 的基本工作原理如图 1-2 所示。

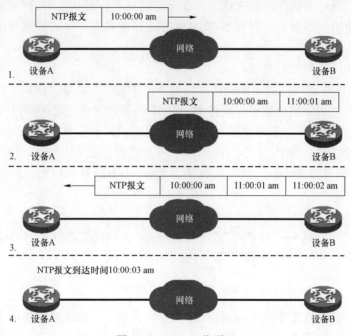

图 1-2 NTP 工作原理

设备 A 和设备 B 通过网络相连，设备 B 为 NTP 时间服务器，设备 A 为被授时设备。假设在设备 A 和设备 B 的系统时钟同步之前，设备 A 的时钟设定为 10:00:00am，设备 B 的时钟设定为 11:00:00am，NTP 报文在设备 A 和设备 B 之间单向传输所需要的时间为 1s。

设备 A 发送一个 NTP 报文给设备 B，该报文带有它离开设备 A 时的时间戳，该时间戳为 10:00:00am（T_1）。

当此 NTP 报文到达设备 B 时，设备 B 加上自己的时间戳，该时间戳为 11:00:01am（T_2）。

当此 NTP 报文离开设备 B 时，设备 B 再加上自己的时间戳，该时间戳为 11:00:02am（T_3）。

当设备 A 接收到该响应报文时，设备 A 的本地时间为 10:00:03am（T_4）。

至此，设备 A 已经拥有足够的信息来计算 NTP 报文的往返时延和相对设备 B 的时间差：

NTP 报文的往返时延 Delay$=(T_4-T_1)-(T_3-T_2)=2s$。

设备 A 相对设备 B 的时间差 offset=$[(T_2-T_1)+(T_3-T_4)]/2=1h$。

有了这两个参数，设备 A 便可计算出自己与时间服务器设备 B 的确切偏差。

NTP 组网方式成熟，理论简单，容易实现，适用于 IP 网络中。但由于 NTP 报文的时间戳是由软件计算生成的，有一定的误差，再加上 IP 网络报文驻留时间计算偏差较大等因素，导致 NTP 对时方式精度有限，一般局域网内对时精度优于 10ms。

2. IRIG-B 码对时原理

IRIG-B 时间码序列是由美国国防部下属的靶场仪器组（IRIG）提出的并被普遍应用的时间信息传输码，简称 B 码。B 码是一种串行时间码，帧长为 1s，共包含 100 个码元。它采用脉宽调制方式编码，共有三种宽度的码元，分别表示 "0" "1" "P"，其中 "P" 为标志位。码元的总宽度为 10ms，"0" 的脉宽为 2ms；"1" 的脉宽为 5ms；"P" 的脉宽为 8ms。IRIG-B 码码元如图 1-3 所示。

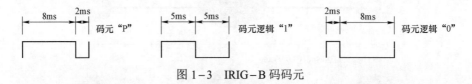

图 1-3　IRIG-B 码码元

IRIG-B 码从连续两个标志位 "P" 开始，第二个标志位脉冲的上升沿为该秒的起始沿，如图 1-4 所示。由于 B 码一般采用硬件编码方式，秒准时沿精度较高，一般优于 1μs。B 码码元包含秒、分、时、天、年等完整的时间信息。因为 B 码既有时间同步的相位信号（秒起始时刻），又有时间信息，因此被授时设备采用 B 码对时时，不再需要进行基于现场总线的通信报文对时，同时也不需要同步时钟输出大量脉冲对时信号。因此接线简单，施工便捷。

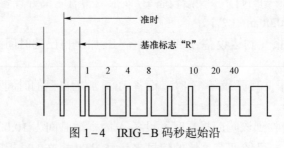

图 1-4　IRIG-B 码秒起始沿

IRIG-B 码码元定义及波形详见附录 A。

第四节 时间同步系统结构

一、结构组成

电力系统时间同步系统主要由主时钟、从时钟和传输介质组成，主时钟接收外部无线基准信号和有线基准信号，对自身时间进行同步。扩展时钟接收主时钟发出的有线时间基准信号。时间同步系统的组成模式主要有基本式、主从式、主备式三种。

1. 基本式

基本式由一台主时钟和信号传输介质组成，为被授时设备或系统对时。根据需要和技术要求，主时钟可设接收上一级时间同步系统下发的有限时间基准信号的接口。该系统由一面主时钟屏组成，主时钟屏一般设在电厂或变电站的控制室。基本式如图1-5所示。

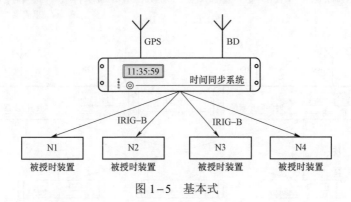

图1-5 基本式

2. 主从式

主从式时间同步系统由一台主时钟、多台从时钟和信号传输介质组成。主时钟接收外部无线基准信号，根据需要也可接收上一级时间同步系统发送的有线基准信号。从时钟接收主时钟发出的有线基准信号。该系统由一面主时钟屏或和多面时钟扩展屏组成，主时钟屏一般设在电厂或变电站的控制室。从时钟屏数量根据电厂或变电站内小室的情况而定。各小室时钟屏负责本小室二次设备的对时。主从式如图1-6所示。

3. 主备式

主备式时间同步系统由两台主时钟、多台从时钟和信号传输介质组成。主时钟接收外部无线基准信号，根据实际需要也可接收上一级时间同步系统发送的有线基准信号。从时钟接收主时钟发出的有线时间基准信号。正常情况下，从时钟同步于主钟，主钟有异常时，从时钟同步于备钟。该方式可分为两台主时钟同屏系统结构和两台主时钟不同屏系统结构，两台主时钟分别接入卫星源信号作为主要授时源，相互通过光纤 B 码作为后备授时源。主备式如图 1-7 所示。

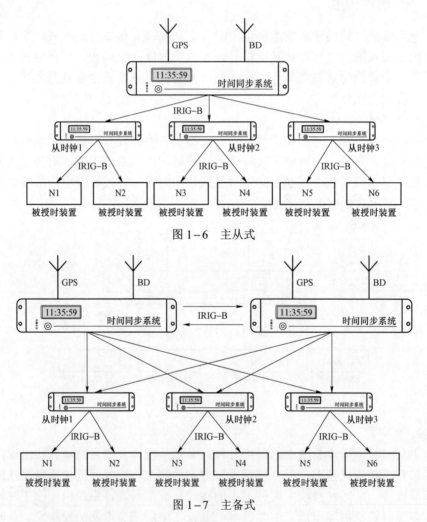

图 1-6　主从式

图 1-7　主备式

二、时间同步系统输出的信号种类

电力系统时间同步系统常用的授时信号种类较多，接口类型也比较多，常用的授时信号和接口有以下几种：

（1）脉冲信号。脉冲授时信号包括 1PPS 秒脉冲、1PPM 分脉冲、1PPH 时脉冲和 1PPD 天脉冲等。脉冲信号没有时间信息，以脉冲的有效沿来标识该时刻的开始，PPS 的有效沿为该秒的开始，PPM 的脉冲有效沿为该分钟的开始，以此类推。

脉冲授时信号授时精度较高，一般为微秒级。由于脉冲信号没有时间信息，因此被授时设备需要通过其他渠道获得时间码或自行设置时间码。脉冲信号常用在常规变电站，用以同步各被授时设备的模拟量采样。

脉冲授时信号常用的输出接口类型有空接点、TTL 电平、RS 485 和多模光纤等接口。

（2）IRIG−B 码信号。IRIG−B 码是一种串行时间码，目前电力系统常用的 IRIG−B 码为 IRIG Standard 200−04 标准格式遍码，帧长为 1s，共包含 100 个码元。它采用脉宽调制方式编码，共有三种宽度的码元，分别表示逻辑"0""1""P"，其中"P"为标志位。码元的总宽度为 10ms，逻辑"0"的脉宽为 2ms；逻辑"1"的脉宽为 5ms；逻辑"P"的脉宽为 8ms。

IRIG−B 码包含 DC 码和 AC 码，DC 码为数字信号，AC 码为 DC 码模拟调制过的正弦信号。目前变电站时间同步系统常采用 DC 码作为授时信号。

IRIG−B 码授时精度高，DC 码授时精度优于 1μs，为变电站主用的授时信号。

IRIG−B 码授时信号常用的输出类型有 TTL 电平、RS 485 和多模光纤等接口。

（3）串口报文信号。串口报文授时信号是一种串行发送的报文授时信号。发送的报文多为标准 ASCII 码。由于串口报文多为 CPU 软件发送，因此时序性较差，授时准确度较低，目前变电站使用较少。

串口报文信号常用电平有 RS 232 和 RS 422/485。

（4）NTP/SNTP 信号。NTP 网络时间协议是用于互联网中时间同步的标准互联网协议。授时设备与被授时设备间进行带有时间戳的 NTP 网络报文交互，并利用时间戳来计算网络延迟，消除授时信号的传输延时。目前常用的 NTP 网络协议为 NTPv3 RFC 1305 版。SNTP 为 NTP 的简化版。NTP 授时精度一般优于 10ms。

NTP/SNTP 授时信号一般采用 RJ45 标准网络接口。

（5）IEEE 1588 信号。IEEE 1588 全称为网络测量和控制系统的精密时钟同步协议标准（IEEE 1588 Precision Clock Synchronization Protocol），简称 PTP（Precision Timing Protocol），它的主要原理是通过硬件对报文进行精确打时戳，以此来计算两台装置间的传输链路延时，实现精确授时。在局域网内 PTP 授时精度可达亚微秒级。

IEEE 1588 授时信号一般采用 RJ45 标准网络接口或光网口。

三、时间同步系统输出信号的接口类型

电力系统时间同步系统常用的授时信号接口有以下几种：

（1）空接点。在授时信号的传递过程中，收发双方对脉冲的电平要有一个约定，这类似于前面提到的报文授时信号的报文格式要约定一样。不同厂家的设备脉冲电平要求不同，电压等级不同、准时沿不同，在使用中同样会诸多不便。采用无源接点（空接点、干接点）传输方式，发送端等效一个开关，在要求的时刻闭合，电源由接收设备自身提供，这样接收设备使用的电平等级、准时沿用上升沿还是下降沿就与发送设备无关了。

如果需要长距离传输，可外接 110V 或 220V 电源，传输到远端设备后使用光电隔离端子将电平转换到设备所需的较低电平。

（2）TTL。TTL 电平叫法是由 TTL 器件使用的逻辑电平而来，为 5V，绝大部分数字电路运算、转换、传输都使用这一标准电平，前面提到的直流 B 码就是使用 TTL 电平。TTL 电平一般用来传送 B 码和秒脉冲、分脉冲等。

由于 TTL 电平的电压为 5V，抗干扰性能较差，在发电厂、变电站这种电磁环境比较恶劣的环境中传送信息，传输距离受到一定限制。

（3）RS 232。RS 232 为通用的串行数据通信标准，最常用于计算机之间的通信。RS 232 采用非平衡方式传送，所谓非平衡方式就是两根传输导线一根是地线，一根是信号。信号在传输过程中遇到干扰，地线是零，干扰信号只影响信号线，如果传输距离过长，会导致通信失败。所以 RS 232 的标准传输距离只有 30 英尺，当然，这个距离是在极致条件下（使用最高传输速率）的指标。RS 232 主要用来传送报文信号。

（4）RS 485/RS 422/差分。RS 422 和 RS 485 同 RS 232 一样，也为通用的串行数据通信标准。不同的是它们采用平衡方式传送，所谓平衡方式就是两根传输导线都是信号线。接收设备取两根信号的差值（所以也称差分方式），在传输过程中遇到干扰，两根信号线的点位差不变，可以长距离传输。如果不考虑线长的延时因素，RS 422 和 RS 485 的传输距离可达 1000m。

RS 422 和 RS 485 是有区别的，RS 422 采用 4 根导线实现双向通信，发送接收互不干扰，同时进行，称全双工；RS 485 采用 2 根导线实现双向通信，发送、接收不能同时进行，称半双工，在单向通信时，两者没有区别。

RS 422 和 RS 485 也主要用来传送报文信号，但基于其良好的传输特性，也常用其传送脉冲和 B 码。

（5）光纤。光纤常用于传送脉冲信号、报文信号及直流 B 码信号，通过光 HUB 可以传输网络信号；通过特殊的光收发器，也能传送模拟信号（交流 B 码）等。

光纤通信具有稳定可靠、传输距离远、不用隔离等特点，采用光纤通信的设备越来越多。在电力系统中已经得到了广泛的应用。

时间同步装置的各类同步信号和接口对时精度见表 1－2。

表 1-2　　　　　　　时间同步信号、接口类型与同步准确度的对照

接口类型	光纤	RS 422，RS 485	静态空接点	TTL	AC	RS 232C	以太网
1PPS	1μs	1μs	3μs	1μs	—	—	—
1PPM	1μs	1μs	3μs	1μs	—	—	—
1PPH	1μs	1μs	3μs	1μs	—	—	—
串口时间报文	10ms	10ms	—	—	—	10ms	—
IRIG-B（DC）	1μs	1μs	—	1μs	—	—	—
IRIG-B（AC）	—	—	—	—	20μs	—	—
NTP	—	—	—	—	—	—	10ms
PTP	—	—	—	—	—	—	1μs

第二章

时间同步装置通信协议

在电力系统中，时间同步装置并不是一个孤立的个体。时间同步装置在为下游各系统和设备进行对时操作的同时，还将监测下游被对时系统及设备的时间准确度，并将其与时间同步装置自身的状态信息上报给后台，以便后台对各设备的运行健康状况进行监控、记录与分析。

第一节　IEC 61850

一、标准概况

IEC 61850《变电站网络与通信协议》（简称 IEC 61850）是新一代的变电站网络通信体系，适应分层的智能电子设备（IED）和变电站自动化系统。该标准根据电力系统生产过程的特点，制定了满足实时信息传输要求的服务模型：采用抽象通信服务接口、特定通信服务映射，以适应网络发展。采用面向对象建模技术，面向设备建模和自我描述，以适应功能扩展，满足应用开放互操作要求。采用配置语言，配备配置工具，在信息源定义数据和数据属性。定义和传输元数据，扩充数据和设备管理功能，传输采样测量值等。该标准还包括变电站通信网络和系统总体要求、系统和工程管理、一致性测试等。

IEC 61850 是全世界唯一的变电站网络通信标准，也将成为电力系统中从调度中心到变电站、变电站内、配电自动化无缝自动化标准。IEC 61850 的发展方向是实现"即插即用"，在工业控制通信上最终实现"一个世界、一种技术、一个标准"。IEC 61850 为电力系统自动化产品的"统一标准、统一模型、互联开放"的格局奠定了基础，使变电站信息建模标准化成为可能，使信息共享具备了可实施的基础前提。

IEC 61850 是迄今为止最为完善的关于变电站自动化的通信标准，也是 TC57

近年来发布的最重要的一个国际标准，并形成了数字化变电站应用技术的重要支撑。

（一）标准来源

IEC 61850 最初是针对变电站站内网络通信协议，由于变电站内、变电站与调度中心、调度中心之间各种协议的不兼容，需要协议转换才可连接，IEC 委员会 TC57 工作组感到有必要从信息源（变电站的过程层）到调度中心之间采用统一的通信协议，数据对象统一建模和 IEC 61970 中的通用信息模型 CIM 协调一致，于是在 2000 年的 SPAG 会议上决定以 IEC 61850 为基础建立无缝远动通信体系结构。

创立 IEC 61850 的目标如下：

（1）考虑到变电站所需的不同数据的建模，为整个变电站制定一个单一的协议。

（2）定义传输数据所需的基本服务，从而使整个通信协议的映射能够面向未来。

（3）促进不同供应商的系统之间的高度互操作性。

（4）储存完整数据的通用方法及格式。

（5）定义符合标准的设备所需的完整测试。

（二）标准体系

IEC 61850 共分为 10 个部分，见表 2-1。

表 2-1　　　　　　　　　　　IEC 61850 标准体系

标准号	名称	内容说明
IEC 61850-1	基本原则	包括 IEC 61850 的介绍和概貌
IEC 61850-2	术语	
IEC 61850-3	一般要求	包括质量要求（可靠性、可维护性、系统可用性、轻便性、安全性），环境条件，辅助服务，其他标准和规范
IEC 61850-4	系统和工程管理	包括工程要求（参数分类、工程工具、文件），系统使用周期（产品版本、工程交接、工程交接后的支持），质量保证（责任、测试设备、典型测试、系统测试、工厂验收、现场验收）
IEC 61850-5	功能和装置模型的通信要求	包括逻辑节点的途径（Access of Logical Nodes），逻辑通信链路，通信信息片 PICOM（Piece of Information for Communication）的概念，功能的定义
IEC 61850-6	变电站自动化系统结构语言	包括装置和系统属性的形式语言描述

续表

标准号	名称	内容说明
IEC 61850 - 7 - 1	变电站和馈线设备的基本通信结构：原理和模式	
IEC 61850 - 7 - 2	变电站和馈线设备的基本通信结构：抽象通信服务接口 ACSI	包括抽象通信服务接口的描述，抽象通信服务的规范，服务数据库的模型
IEC 61850 - 7 - 3	变电站和馈线设备的基本通信结构：公共数据级别和属性	包括抽象公共数据级别和属性的定义
IEC 61850 - 7 - 4	变电站和馈线设备的基本通信结构：兼容的逻辑节点和数据对象 DO（dataobject）寻址	包括逻辑节点的定义，数据对象及其逻辑寻址
IEC 61850 - 8	特殊通信服务映射 SCSM	变电站和间隔层内以及变电站层和间隔层之间通信映射
IEC 61850 - 9	特殊通信服务映射 SCSM	间隔层和过程层内以及间隔层和过程层之间通信的映射
IEC 61850 - 10	一致性测试	

从 IEC 61850 通信协议体系的组成可以看出，这一体系对变电站自动化系统的网络和系统做出了全面、详细的描述和规范。

（三）IEC 61850 的部分重要术语

1. 功能（Function）

功能就是变电站自动化系统执行的任务，如继电保护、监视、控制等。一个功能由称作逻辑节点的子功能（Sub-Function）组成，它们之间相互交换数据。按照定义，只有逻辑节点之间才交换数据，因此，一个功能要同其他功能交换数据必须包含至少一个逻辑节点。

2. 逻辑节点（Logical Node，LN）

逻辑节点 LN 是用来交换数据的功能最小单元，一个逻辑节点 LN 表示一个物理设备内的某个功能，它执行一些特定的操作，逻辑节点之间通过逻辑连接交换数据，一个逻辑节点 LN 就是一个用它的数据和方法定义的对象。与主设备相关的逻辑节点不是主设备本身，而是它的智能部分或者是在二次系统中的映射，如本地或远方的 I/O、智能传感器和传动装置等。

3. 逻辑设备（Logical Device，LD）

逻辑设备 LD 是一种虚拟设备，为了通信目的能够聚集相关的逻辑节点和数据。另外逻辑设备 LD 往往包含经常被访问和引用的信息的列表，如数据集（Data Set），按照 IEC 61850 定义，一个实际的物理设备 LD 可以根据实际应用的需要映射为一个或多个逻辑设备。有关逻辑设备的定义不是 IEC 61850 的范围，在实际应用中可以根据需求定义逻辑设备。

4. 通信信息片（PICOM）

通信信息片（PICOM）是对在两个逻辑节点之间通过确定的逻辑路径进行传输，且带有确定通信属性的交换数据的描述。一个物理设备即 IED 可完成多个功能，可分解为多个逻辑节点。各个逻辑节点间的通信可用上千个通信信息片 PICOM 来描述。PICOM 可分为 7 种报文类型，它们的属性范围由性能级构成。

5. 服务器（Server）

一个服务器用来表示一个设备外部可见的行为，在通信网络中一个服务器就是一个功能节点，它能够提供数据，或允许其他功能结点访问它的资源。在软件算法结构中，一个服务器可能是逻辑上的再分，它能够独立控制自己的操作。

一个服务器由一个或多个逻辑设备组成，一个逻辑设备由多个逻辑节点组成，如距离保护 PDIS、断路器 XCBR；一个逻辑节点由多个数据对象组成；一个数据对象由多个数据属性组成，逻辑节点及数据在 IEC 61850-7-4 中定义。数据属性具有各种数据类型、值和功能约束 FC（Function Constraint）。

（四）IEC 61850 的核心要素

1. 面向对象建模技术

自 1994 年起，由世界著名的面向对象技术专家格雷迪·布奇、吉姆·伦博和伊瓦尔·雅各布森，在著名的 Booch 方法、对象模型技术（Object Modeling Technique，OMT）方法和面向对象软件工程（Object-Oriented Software Engineering，OOSE）方法的基础上，广泛征求意见，完成了统一建模语言 UML（Unified Modeling Language）。UML 是一种定义良好、易于表达、功能强大且普遍适应的可视化建模语言，它融入了软件工程领域的新思想、新方法和新技术，不仅可以支持面向对象的分析和设计，更重要的是能够强有力地支持从需求分析开始的软件开发的全过程。

因此，UML 一出现便获得了工业界和学术界的广泛支持。1996 年底，UML已经稳定地占领了面向对象技术市场的 85%份额，成为可视化建模语言事实上的工业标准。更重要的是，1997 年 11 月，国际对象管理组织（Object Management Group，OMG）采纳 UML 作为基于面向对象技术的标准建模语言。因此，UML代表了面向对象的软件开发技术的发展方向，具有重大的应用价值和经济价值。

正是由于 UML 具有标准性、系统性、可视化、自动化的优点，IEC 采用UML 作为 IEC 61850、IEC 61970 等标准的建模语言。电力系统是一个巨型互联系统，电力系统应用软件也变得越来越复杂。IEC 61850 和 IEC 61970 的出现，标志着 UML 成为电力系统建模的标准化方法。UML 帮助人们对现实问题进行科学的抽象描述，进而建立简明准确的表示模型。这些模型成为标准后，电力系统的各种应用就不再依赖信息的内部表示，各种异构系统的集成变得简单有效。

IEC 61850 是电力系统自动化领域唯一的全球通用标准，实现了智能变电站的工程运作标准化，使智能变电站的工程实施变得规范、统一和透明。不论是哪个系统集成商建立的智能变电站工程，都可以通过系统配置（SCD）文件了解整个变电站的结构和布局，对智能变电站的发展具有不可替代的作用。

IEC 61850 将变电站通信体系分为站控层、间隔层、过程层 3 层。

在站控层和间隔层之间的网络采用抽象通信服务接口映射到制造报文规范（MMS）、传输控制协议/网际协议（TCP/IP）以太网或光纤网。在间隔层和过程层之间的网络采用单点向多点的单向传输以太网。变电站内的智能电子设备（IED，测控单元和继电保护）均采用统一的协议，通过网络进行信息交换。

2. 软件复用技术

为了提高软件生产效率和软件质量，软件复用技术一直是软件工程学研究的重点。软件复用可分为函数复用、继承复用、组件复用、设计模式复用及架构复用等几个层次。大量事实证明，基于过程语言的函数复用和基于对象技术的继承复用都无法实现大规模的实现复用。目前国际上研究的热点是组件复用、设计模式复用和体系结构复用。

（1）组件复用。与对象相比，组件蕴涵着迥然不同的优势。面向对象技术常常将重点放在封装和继承（实现复用）上，而面向组件技术侧重于组件的可插入性。组件将封装运用到了极限，它们只暴露公用接口，实际实现完全被隐藏。对客户程序来讲，组件的实现语言和物理位置都是未知的。这样设计合理的组件可以插到不同客户程序中，从二进制层次实现了复用性。

目前，组件技术的标准主要有三种：

1）国际对象管理组织制订的通用对象请求代理体系结构（Common Object Request Broker Architecture，CORBA）标准。

2）Microsoft 的组件对象模型/分布组件对象模型（Component Object Model/Distributed COM，COM/DCOM）标准。

3）Sun 公司的（Enterprise JavaBeans，EJB）标准。

组件技术体现了软件总线的概念，其目的是为了实现软件领域的"即插即用"，在 IEC 61850/61970 的具体实现中，必须采用某种软件总线标准和技术。

（2）设计模式复用。1995 年 *Design Patterns-Elements of Reusable Object-Oriented Software*（艾瑞克·伽玛等编写）一书的面世，使面向对象设计模式技术成为面向对象理论研究的热点。面向对象设计模式是将众多实际系统的面向对象设计方案进行抽象后得到的具有普遍意义的、可复用的设计结构和相关设计经验模式，从现象上表现为一些设计思想和相关范例，在 IEC 61850 中采用了大量设计模式。

（3）体系结构复用。体系结构（Software Architecture）是对软件系统的最高层次的描述。体系结构复用也是软件重用的最高层次。软件架构体系实际上是广义设计模式的一部分，主要解决大型系统设计时，系统中对象过多带来的设计难题，属于大型系统子系统结构设计的可复用方法。常见的体系结构风格有管道/过滤器结构、主程序/子过程结构、基于抽象数据类型的面向对象结构、基于事件隐式调用结构、分层结构、解释器结构和服务器/客户端结构等。

3. 高速以太网技术

IEC 61850 提出了变电站内信息分层的概念，无论从逻辑上还是从物理概念上，都是将变电站的通信体系分为变电站层、间隔层和过程层。其中，过程层设备通过过程层总线互联，间隔层设备通过站控层总线互联。

变电站内数据流方向既有同一层横向数据交换，也有层和层之间纵向数据交换。不同层次不同方向的数据交换其数据流量、时间响应特性要求也各不相同。

曾经有这样一种观点，认为由于以太网具有载波侦听多路访问/冲突检测（CSMA/CD）的本质，对实时信息传输造成的延迟无法预测，因而它不能满足实时系统的需要。国外专门对比研究了普通以太网和令牌总线网的性能，结论是在网络负荷小于 25%情况下，以太网响应时间要比令牌总线网络快得多。

对变电站自动化系统而言，通过局域网 LAN 执行控制功能的实时性要求通常定义为 4ms。为了定性地衡量以太网是否能满足电力系统实时性要求，美国电科院（EPRI）进行了研究。在特定的最恶劣情形下对比研究了以太网和 12Mbit/s 令牌传递（Token passing）、现场总线网络（Profibus 网络）的性能。研究表明，无论是通过共序 HUB（Sharing HUB）连接的 100Mbit/s 以太网还是通过交换式 HUB（Switch HUB）连接的 10Mbit/s 以太网，都能满足 4ms 这一网络通信时间要求，并且二者均快于 12Mbit/s 令牌传递 Profibus 网络。德国从 1998 年 1 月到 2000 年 11 月进行了旨在测试 IEC 61850 的实验性项目。在这项称之为变电站开放式通信（Open Communication in Substation，OCIS）的项目中，舒伯特等人研究了以 Ethernet/MMS 作为站级总线的中压变电站自动化通信系统的性能。试验表明，由于以太网具有足够宽的带宽，以及千兆网的出现，在试验中未出现预先设想的可能会遇到的时间和性能上的问题。2001 年，ABB 公司进行了基于交换式以太网的高精度时间同步研究。在现代电力系统自动化领域，时标（Time Stamp）的重要性是不言而喻的。IEC 61850 把对时间同步的要求划分为 5 级，分别用 T1～T5 表示。其中，T1 要求最低，为 1ms；T5 要求最高，为 1μs。由于传统以太网自身的技术限制，想通过多播（Multicasting）的方式在网络内实现时间同步是很困难的，通过采用交换式以太网等一系列技术，完全可以满足精度要求。

4. 嵌入式实时操作系统技术

嵌入式系统是以应用为中心，以计算机技术为基础，软件硬件可裁剪，适应应用系统，对功能、可靠性、成本、体积、功耗严格要求的专用计算机系统。嵌入式计算机的外部设备中包含了多个嵌入式微处理器，如键盘、硬盘、显示器、网卡、声卡等均是由嵌入式处理器控制的。

嵌入式系统软件需要实时多任务操作系统（RTOS），通用计算机具有完善的操作系统和应用程序接口，是计算机基本组成不可分离的一部分，应用程序的开发以及完成后的软件都在操作系统平台上运行，但一般不是实时的。嵌入式系统则不同，应用程序可以没有操作系统直接在芯片上运行；但是为了合理地调度多任务、利用系统资源，用户必须自行选配 RTOS，这样才能保证程序执行的实时性、可靠性，并减少开发时间，保障软件质量。

在嵌入式系统的软件开发过程中，采用 C 语言是最佳和最终的选择。由于汇编语言是一种非结构化的语言，对于大型的结构化程序设计已经不能完全胜任了，这就要求采用更高级的 C 语言去完成这一工作。

嵌入式以太网是基于嵌入式系统的软硬件环境的。利用嵌入式设计技术在微控制器或微处理器和以太网控制器上实现的以太网与传统以太网在物理上都遵循 IEEE 802.3 标准，逻辑上大都选用广泛使用的 TCP/IP 协议族。嵌入式以太网与传统以太网的最大区别在于：后者是基于 PC 机或工作站的软硬件环境的，与 PC 机、工作站的硬件直接配合，使用的网络协议（如 TCP/IP）内嵌在 Windows、UNIX 等操作系统之中，脱离不了 PC 机或工作站的软、硬件环境，因而使其在工业控制领域的应用受到限制；而嵌入式以太网是基于微控制器/微处理器的软、硬件环境的，使用的网络协议族（如 TCP/IP）内嵌在 RTOS 之中，因而使其应用于工业控制领域大为方便。

嵌入式系统需要一整套开发平台，一般包括实时在线仿真系统 ICE（In-Circuit Emulator）、高级语言编译器（Compiler）、源程序模拟器（Simulator）和实时多任务操作系统（RTOS）等。

5. XML 技术

XML 是万维网联盟 W3C 制定的用于描述数据文档中数据的组织和安排结构的语言，它定义了利用简单、易懂的标签对数据进行标记所采用的一般语法，提供了计算机文档的一种标准格式。XML 文档中包含的数据是文本字符串，描述这些数据的文本标签围绕在周围。数据和标签有一个特别的单位称为元素（Element），XML 是一种文本文档的元标记语言。因此，在 XML 中可以自由定义标签，充分表达文档的内容。

XML 的优越性表现在以下三个方面：

（1）异构系统间的信息互通。目前，不同的企业之间甚至企业内部的各个部门之间，存在着许多不同的系统。系统间往往因其大相径庭的平台、数据库软件等，造成信息流通的困难。XML 的出现，使得异构系统间可以方便地借助 XML 作为交流媒介。各种类型的信息，不论是文本的还是二进制的，都能用 XML 标注。

（2）数据内容与显示处理分离。XML 强调数据本身的描述和数据内容的组织存放结构，可被不同的使用者按照自身的需要从中提取相关数据，用于不同的目的。XML 文档是文本，任何能读文本文件的工具都能读 XML 文档。因此，用 XML 描述的数据可以长期保存而不必担心无法识别。

（3）自定义性和可扩展性。由于 XML 是一种元标记语言，因而没有能够适用于所有领域中所有用户的固定标签和元素，但它允许开发者和编写者根据需要定义元素。XML 中 X 代表可扩展（Extensible），可以对 XML 进行扩展以满足各种不同的需要。通过扩展 XML 文档描述的数据信息不仅清晰可读，而且对数据的搜索与定位更为精确。

IEC 61850-6 提出了变电站配置描述语言 SCL，SCL 就是以 XML 为基础的。SCL 能描述变电站内各个 IED 以及它们之间的关系。IEC 61850 吸收了在面向对象建模、组件、软件总线、网络、分布式处理等领域的最新成果，是全世界唯一的变电站网络通信标准，还可望成为通用网络通信平台的工业控制通信标准。当前，生产相关产品的国外各大公司都在围绕 IEC 61850 开展工作，并提出 IEC 61850 的发展方向是实现"即插即用"，在工业控制通信上最终实现"一个世界、一种技术、一个标准"。

（五）变电站配置语言 SCL

在 IEC 61850-6 中定义了变电站配置描述语言 SCL，主要基于可扩展标记语言 XML 1.0。SCL 用来描述通信相关的 IED 配置和参数、通信系统配置、变电站系统结构及它们之间的关系。主要目的是在不同厂家的 IED 配置工具和系统配置工具之间提供一种可兼容的方式，实现可共同使用的通信系统配置数据的交换。

SCL 模型可包含 5 个方面的对象：

（1）系统结构模型、变电站主设备、拓扑连接等。

（2）IED 结构模型、应用和通信信息。

（3）通信系统结构模型，设备在何接入点（Access Point）接入哪些总线（Bus）。

（4）逻辑节点类定义模型，包含数据对象（DO）和服务。

（5）逻辑节点和一次系统功能关联模型。

SCL 的 UML 对象模型从建模的角度看是不完整的，它仅限于在 SCL 中使用的那些具体的数据对象，而且也没有包括数据对象以下的数据属性。对象模型主要包含三个基本的对象层：

（1）变电站。描述了开关站设备（过程设备）及它们的连接，设备和功能的指定，是按照 IEC 61346 的功能结构进行构造的。

（2）产品。代表所有 SAS 产品相关的对象，如 IED、逻辑节点等。

（3）通信。包括通信相关的对象类型，如子网、接入点，并描述各 IED 之间的通信连接，间接的描述逻辑节点间客户/服务器的关系。

SCL 采取 IEC 61850 定义的公共设备和设备组件对象对 IED 进行描述，使 IED 的配置数据中具有完备的自我描述信息。SCL 包含信息头（Header）、变电站（Substation）、智能电子设备（IED）、数据类型模版（Data Type Templates）、通信系统描述（Communication）5 个元素。其中，信息头（Header）包含 SCL 的版本号和修订号，以及名称映射信息；变电站（Substation）包含变电站功能结构，主元件和电气结构；智能电子设备（IED）包含逻辑装置、逻辑节点、数据对象和通信服务能力等；数据类型模版（Data Type Templates）包含 LNodeType（逻辑节点类型）、DOType（数据对象类型）、DAType（数据属性类型）和 EnumType（枚举类型）；通信系统描述（Communication）定义了逻辑节点之间通过逻辑总线和 IED 接入点之间的联系方式。这些元素有各自的子元素和属性，最终完成兼容性模型的描述。

（六）制造报文规范 MMS

制造报文规范 MMS 是 OSI 应用层的一个协议标准，主要用于生产设备间的控制信息传送。MMS 规范了多个厂商设备间的通信，为制造设备入网提供了方便。IEC 61850 的一个重要基础是制造报文规范 MMS 的应用；MMS 中虚拟制造设备（Virtual Manufacturing Device，VMD）和映射（Mapping）是两个重要的概念，有助于建立相应的模型。在 MMS 设计中的实设备对象映射接口（Object Mapping Interface，OMI）就是一个通用接口模型。OMI 完成实设备的具体对象及其属性与 MMS 抽象对象及其属性间的映射，它包括原语分析模块和执行模块两部分，并存在两个方向信息流与操作：

（1）MMS 应用进程到实设备。原语分析模块根据 MMS 应用进程发出的服务原语，选择 VMD 资源中对应的抽象对象及属性进行读、写或修改操作；通过对实设备的具体对象的映射，将 MMS 对象属性值的变化映射到对实设备发出相应可接收与识别的命令，并对实设备进行相关的操作，以实现对实设备的控制。

（2）实设备到 MMS 应用进程。实设备的实际状态通过执行模块映射到对应 VMD 的状态变化中，VMD 将根据其状态启动响应的 MMS 应用进程。

IEC 61850 对智能设备的核心模型是服务器类模型，它对应于 MMS 的 VMD，在 IEC 61850 中，VMD 的基本元素除了包括变量域对象、程序唤醒对象、信号量对象、事务事件对象等抽象对象外，首先需建立一个与具体通信协议无关的一个抽象通信服务接口 ACSI 实现其通信能力，然后制定向具体通信协议映射关系，即特定通信服务映射 SCSM 实现具体的通信。

因此，从本质上讲 IEC 61850 抽象通信服务接口 ACSI 就对应于 OMI 中的原语分析模块，而特定通信服务映射 SCSM 对应于 OMI 中的执行模块；根据变电站智能装置现状的 IEC 61850 应用，就是在 IEC 61850 的规范下设计相应的 OMI。

IEC 61850 规范了变电站网络自动化通信方式，实现了抽象通信服务接口 ASCI，对具体网络没有依赖。制造报文规范 MMS 是 ISO TC184 开发和维护的网络环境下计算机或智能设备之间交换实时数据和监控信息的一套独立的国际标准报文规范，MMS 独立于应用和设备的开发者，所提供的服务非常通用，是 IEC 61850 中面向基于网络通信的基础。

从目前的研究和实践来看，以太网已成为实现 IEC 61850 的主流网络，采用基于 MMS＋TCP/IP＋Ethernet 实现变电站内、变电站与调度中心之间的网络通信协议已成为必选。

（七）IED 之间的互操作性

制定 IEC 61850 的重要驱动力是实现变电站内各种 IED 之间的互操作性，甚至互换性，IED 互操作性可以最大限度地保护用户原来的软硬件投资，实现不同厂家产品集成。IEC 61850 中互操作性被表述为："来自同一厂家或不同厂家智能装置 IED 之间交换信息和正确使用信息协同操作的能力"。

互操作性强调信息和服务语义的确定性，而确定性需要面向应用领域的针对性，对于 IEC 61850 来说就是面向变电站自动化领域的针对性。它一方面与语义约定的层次有关，一个变电站的数据可以被赋予模拟量、信号量的语义；也可以被赋予电压、电流的语义；如果与保护相关还可以被赋予距离一段出口、距离一段阻抗定值的语义。依据信息语义具有偏序关系的理论，信息语义相对数据对象含义的逼近程度代表了信息语义的不同约定层次，也决定了互操作性所需要的信息相互理解程度，信息和服务的语义约定越有针对性，互操作性就越强，反之则越弱，早期的通信协议不能很好地支持互操作性的原因之一就是语义约定的层次较低。语义确定性另一方面还与自动化功能的应用背景有关，如距离一段出口显然就是针对距离保护，而一段出口本身则因为存在语义二义性，不符合互操作性所要求的语义确定性。

为保证互操作性，需要开展一致性测试（Conformance Test）和性能测试（Performance Test），IEC 61850-10 中专门定义了一致性测试方法。一致性测试属于证书测试（Certification Test），目的是测试 IED 是否符合特定标准；性能测试属于应用测试（Application Test），其侧重于将 IED 置于实际的应用系统中，以测试整个应用系统是否满足运行性能要求。以保护系统的应用测试为例，需要利用来自多个厂家的新型互感器、合并单元、交换机以及数字式保护构成全数字化保护系统，模拟各种电网运行情况及通信网络情况，测试整个保护系统的可靠性、快速性、选择性、灵敏性是否满足要求。一般来讲，一致性测试由授权机构完成，而性能测试则由用户组织实施。

相对于常规变电站，在数字化变电站系统中，一致性测试和应用测试具有更为紧密的联系。一致性测试是应用测试的基础。产品只有通过了一致性测试，才具备条件构成应用系统以执行应用测试。但是，由于 IEC 61850 的复杂性、网络异常情况下其性能的未知性以及保护、监控系统对实时性的严格要求等原因很可能出现单独产品都通过了一致性测试，构成应用系统时却不能通过应用测试的情况。通过一致性测试只是通过应用测试的必要而非充分条件。由于以上原因，在数字化变电站的建设中，不但要重视一致性测试，更要组织好应用性能测试。

一致性测试有静态、动态两种：

（1）静态一致性测试。静态一致性测试的目的是判断被测试产品提供的模型实现一致性声明（Mode Implementation Conformance Statement，MICS）、服务实现一致性声明（Protocol Implementation Conformance Statement，PICS）、服务实现额外信息一致性声明（Protocol Implementation eXtra Information for Test，PIXIT）是否满足标准对产品的一致性要求。

（2）动态一致性测试。动态一致性测试的目的是判断产品在运行中的通信和接口环节的行为是否满足其一致性声明。动态测试需要由测试机构根据产品提供的资料并依据标准的规定拟定测试方案，测试方案主要包括测试用例、测试环境、测试步骤等内容。静态及动态一致性测试所产生的结论代表了被测试产品的通信和接口环节的行为是否符合标准的一致性要求，该结论不涉及对产品功能及性能的评价。

性能测试主要是根据应用性能要求对 IED 进行的各种测试，一般分两个环节：

（1）产品或系统对于运行环境的适应性测试，如 EMC 测试、RFI 测试、电磁干扰试验等。

（2）设备是否满足设计性能或应用性能要求的试验，如测控装置的功能性试验、保护装置的动态模拟测试等，测试的目的是评估设备或系统的功能或性能指标是否满足设计目标或应用要求。

（八）IEC 61850 应用展望

实施 IEC 61850 是变电和配电自动化产品、电网监控和保护产品等的开发方向，IEC 61850 的应用按目前的发展状况可分为三个阶段。

1. 第一阶段：蕴育期（2003～2005 年）

这期间的主要特征是全套标准正式颁布：

（1）一些大的电力公司开始组织专家开展对标准的跟踪和消化研究，将 IEC 61850 和现有标准进行分析与比较，并论证新标准应用于国内电力系统的可行性和必要性。

（2）主要的设备制造商和应用开发商积极开展对标准的研究，在标准的指导下，重新定义其产品架构，考虑建立其产品的基于统一建模的功能模型、数据模型以及通信模型，并开始建立 DEMO 系统。

（3）在电力公司的招标文件中，开始出现对新标准的支持要求。

（4）在制造商的产品宣传中，开始出现支持新标准的产品特性。

（5）在保护及故障录波器信息处理系统中可能出现部分实现该标准，这主要是因为在变电站层实施该标准相对容易，而且上述系统属新兴的自动化产品族，更容易采用新标准。

（6）出现一些 IEC 61850 试点示范性应用工程，以验证标准的有效性。

（7）有独立的公司或机构开展对标准兼容性检测研究，出现标准兼容性检测产品。

这个阶段主要是对新标准的跟踪和研发。国内的研究重点主要是变电站层。由于技术和制造上的原因，满足新标准的过程层和间隔层的产品尚不会进入市场，但国外大的制造商（如 ABB、Siemens）将有试验性产品出现，并在若干变电站内试点。

2. 第二阶段：快速增长期（2006～2010 年）

这期间的主要特征是：

（1）随着标准意识的提高，出现标准兼容性检测的权威机构。标准兼容性检测被提到前所未有的高度，所有产品都必须通过该检测才可进入市场。

（2）电力系统自动化产品的"统一标准、统一模型、互联开放"的格局基本形成，新标准为电力公司和制造商均带来明显的经济效益。对电力公司而言，效益增加的主要原因是设备的可靠性、互联性、互操作性、互换性、可管理性等大大提高，更容易实施风险管理；对制造商而言，效益增加的主要原因是产品的生命周期增长，产品的模块化、可复用性、可维护性等大大提高，而产品的研发成本、生产成本、安装和维护成本大大降低，需要特别维护的专用规约大大减少。企业将获得更大的市场，能够在性能价格比上竞争，而不单看技术水平。

（3）符合新标准的过程层、间隔层产品开始投入正式运行，基于 GOOSE 信息传输机制的测控单元将首先进入工程应用，保护测控一体化的产品也将逐步应用。

（4）有专门硬件网关和软件网关产品，以完成对大量旧有遗留系统的改造。

（5）随着电子式互感器技术的成熟，网络技术的发展，智能断路器的应用，数字化变电站自动化架构成为现实。

这个阶段是新标准的全面实施期，大量满足新标准的产品进入市场。新标准具有较高的技术门槛，需要研发、生产单位具有很强的系统架构设计、面向对象建模、数据库设计以及通信设计等能力。技术储备不够的企业将被淘汰出局。

3. 第三阶段：成熟期（2010 年以后）

这期间的主要特征是：

（1）IEC 61850 和 IEC 61970 成为电力自动化领域的基础标准，电力自动化产品的"即插即用"随处可见。

（2）由于人类面临环境恶化以及能源危机等严重现实，使得可再生能源（如风力、太阳能、湖汐等）得到广泛应用。分散发电将导致分散电力管理（Deregulation），或称为放宽管制。电力生产和传输过程中需要更大量的 IED，这些装置具有成本较低、采用标准规约、内嵌智能和网络功能、可组合使用、可远程维护等功能。

（3）IEC 61850 还可望成为通用网络通信平台的工业控制通信标准。近来有资料显示该标准有可能渗入到诸如煤气、自来水等其他公用事业领域。

（4）更新一代的标准开始酝酿，以融入更新的技术和理念，进一步提高电力系统的可靠性、自动化和智能化水平。

IEC 61850 和其他规约一样，需要一个现场证明、改进、用户接受的过程。即使标准全部颁布，全面的实施也需要时间，这点从 IEC 60870-5 系列标准的发展即可证明；另外，科技以加速度发展，和当初制定 IEC 60870-5 系列标准不同的是，面向对象建模技术、设计模式技术、软件总线技术、通信技术、嵌入式系统技术、Web 技术、分布异构处理技术等都有了巨大发展，为新标准做了充足的技术储备。同时，电力市场化进程已呈不可逆转之势，对新标准有很高的呼声。因此，新标准实施的速度、深度、广度和效果将会大大超过 IEC 60870-5 系列标准。

二、IEC 61850 在变电站自动化系统中的应用优势

1. 规范

IEC 61850 定义了变电站自动化功能的数据名称，或者说逻辑节点，这样就消除了工程应用中的不确定性。定义了平均无故障时间等设计变电站自动化系统 SAS 可用率的指标；标准为供应商提供了系统设计框架，符合 IEC 61850 的

SAS 将非常便于拓展，对于未来的应用具有适应性；所有系统的应用将基于以太网和 MMS，以太网的应用为根据可用率的要求定制变电站自动化系统 SAS 提供了可实现性。

2. 设计

IEC 61850 定义的数据模型可以直接用于系统设计阶段，节省了时间，SAS 的硬件设计变得十分简单，因为 IED 之间不需要网关，工业级的以太网元件可以用于高压等级的电网，需要额外采取一些措施以防止电磁干扰的影响；由于元件减少需要协调的工作量下降。SCL 通过系统规范描述文件（System Specification Description，SSD）定义了间隔内一、二次设备的规范，保护和控制方案可以模版化以适应特定工程的需要，设备之间通过光缆联系，节省了大量的二次线，设计工程量大幅度下降。

3. 制造

由于采用了变电站配置语言 SCL，结构定义工作简单化，部分可以自动实现，协调工作减少，系统建设和运转迅速；数据交换的出错率下降，调试人员基于共同的标准工作，不需要去熟悉不同的规约。在工厂内完全可以用以太网连接方式模拟现场试验，大大提高了系统测试的效率。对于 SAS 问题的发现和修改变得十分有效。

4. 安装

应用以太网通信大量减少了电缆和接口，由于接线引起的错误大大降低；由于以太网应用的普遍性，变电站现场试验时很容易获得以太网测试的工具；TCP/IP 技术的应用，利用 MMI 在变电站内可以随处方便地获取试验数据，尤其变电站内不同地方的许多试验涉及因果关系，因此，在某个地方具有完整信息的数据可以提高试验的效率。

5. 运行维护

SAS 性能获得提高，如系统没有因网关引起的延时，以太网的多播模式可以同时发布信息，主从方式的通信模式没有瓶颈，采取级别优先传输机制确保重要信息快速发送等。系统可用率提高，如智能设备之间的互闭锁实现不需要站控层干预，对等通信模式确保个别装置障碍不影响系统运行，交换式以太网确保网络不会崩溃，事件发生及时发布信息。规约统一后人员培训、系统运行维护变得简单，新增间隔对于运行系统的影响减小。

三、IEC 61850 在时间同步装置中的应用

（一）时间同步装置上送自身状态信息

国家电网公司对于时间同步装置通过 IEC 61850 上送自身状态信息的通信点表规定见表 2−2。

表 2-2　　　　IEC 61850 规约通信（时间同步装置自身状态）点表

DO name	数据类型	表示意义	主（备）	从
			M/O/C	
HostRef1Alarm	SPS	北斗信号状态	M	
HostRef2Alarm	SPS	GPS 信号状态	M	
HostRef3Alarm	SPS	IRIG-B1 信号状态	M	M
HostRef4Alarm	SPS	IRIG-B2 信号状态	M	M
HostRefnAlarm	SPS	第 n 路外部时源（根据实际数量配置）信号状态	O	
HostAnt1Alarm	SPS	北斗天线状态	M	
HostAnt2Alarm	SPS	GPS 天线状态	M	
HostAntnAlarm	SPS	第 n 路天线状态（根据实际数量配置）	M	
HostRcv1Alarm	SPS	北斗接收模块状态	M	
HostRcv2Alarm	SPS	GPS 接收模块状态	M	
HostRcvnAlarm	SPS	第 n 路接收模块（根据实际数量配置）状态	O	
HostCont1Alarm	SPS	北斗时间跳变状态	M	—
HostCont2Alarm	SPS	GPS 时间跳变状态	M	—
HostCont3Alarm	SPS	IRIG-B1 时间跳变状态	M	M
HostCont4Alarm	SPS	IRIG-B2 时间跳变状态	M	M
HostContnAlarm	SPS	第 n 路时间跳变状态	O	O
HostTimeRef	INS	时间源选择	M	M
HostOscAlarm	SPS	晶振驯服状态	M	M
HostIniAlarm	SPS	初始化状态	M	M
HostPower1Alarm	SPS	电源模块 1 状态	M	M
HostPower2Alarm	SPS	电源模块 2 状态	M	M
HostCpuAlarm	SPS	CPU 等核心板卡异常	O	O

注　1. 所有 Alarm 均为单点状态信息，0 表示正常，1 表示异常。

　　2. M 为必选，O 为可选，"—"为不具备。

　　3. 状态信息数据类型使用 SPS（单点状态信息），时间源选择等信息数据采用 INS（整型状态信息）。

　　4. 时间源选择中，"0"表示"北斗信号"，"1"表示"GPS 信号"，"2"表示"有线信号"，"3"表示"热备信号"，4 表示"本地时钟"，5 表示"IRIG-B1 信号"，6 表示"IRIG-B2 信号"。

（二）时间同步装置可通过 GOOSE 对下游被对时设备的时间精度进行采集与监测

对时状态测量方法的应用层为基于软件时标的乒乓原理，可在传统变电站或智能变电站的现有协议基础上实现，以期尽可能利用现有资源，基于分层管理，责任清晰，低建设成本、低管理成本、低技术风险、短技改周期、性能上应至少能保证 SOE 记录有效性的要求。

乒乓法是利用报文离开和返回的时标来计算路径延迟，从而抵消延迟造成的测量误差的方法，广泛用于各种时间同步的领域。基于乒乓法的钟差测量算法如图 2−1 所示。

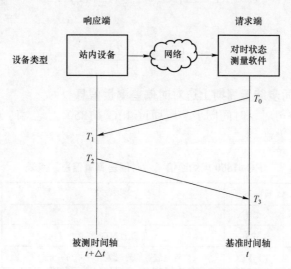

图 2−1　基于乒乓法的钟差测量算法

其中，T_0、T_1、T_2、T_3 为装置时标。T_0、T_3 存在于测量发起端，被测对象返回的 GOOSE 报文中存在 T_1、T_2 时标。被测对象返回的 GOOSE 报文示例如图 2−2 所示。

```
APPID: 0x0020 (32)
Length: 142
Reserved 1: 0x0000 (0)
Reserved 2: 0x0000 (0)
goosePdu
  gocbRef: GOOTTR/LLN0$GO$gocb31
  timeAllowedtoLive: 10000
  datSet: GOOTTR/LLN0$dsGOOSE31
  goID: GOOTTR/LLN0$GO$gocb31
  t: May  9, 2020 09:00:17.222882747 UTC
  stNum: 1533
  sqNum: 41
  simulation: False
  confRev: 1
  ndsCom: False
  numDatSetEntries: 4
∨ allData: 4 items
  › Data: boolean (3)
  ∨ Data: utc-time (17)
     utc-time: May  9, 2020 09:00:17.222672462 UTC
  › Data: boolean (3)
  ∨ Data: utc-time (17)
     utc-time: May  9, 2020 09:00:17.222882747 UTC
```

图 2−2　被测对象返回的 GOOSE 报文示例

31

其中，allData 下的 Data：utc-time 数据即为 T_1 与 T_2。

Δt 为钟差，即要测量的对象。

GOOSE 建立在网络链路延迟对称的假设上，因此

$$(T_1 + \Delta t) - T_0 = T_3 - (T_2 + \Delta t)$$

即

$$\Delta t = \frac{(T_3 - T_2) + (T_0 - T_1)}{2}$$

（三）时间同步装置周期上送对时偏差测量信息

国家电网公司对于时间同步装置通过 IEC 61850 上送对时偏差测量信息的通信点表规定见表 2-3。

表 2-3　　　　IEC 61850 规约通信（对时偏差测量信息）点表

DO name	数据类型	表示意义	主（备）	从
			M/O/C	
IsNTP	SPS	是否为 NTP 监测	O	O
DevTimeDev	MV	被监测装置的对时偏差（单位：ms）	M	M
DevTimeSynAlarm	SPS	被监测装置对时偏差越限状态	M	M
HostMeasAlarm	SPS	对时测量服务状态	M	M
EEName	LPL	被监测装置基本设备信息描述	M	M

第二节　　IEC 60870-5-104

一、标准概况

1. 标准来源

IEC 60870-5-104（又称 IEC 870-5-104）是一个国际标准，由国际电工委员会于 2000 年发布。从该标准的全称"使用标准传输配置文件进行 IEC 60870-5-101 的网络访问"可以看出，其应用层是基于 IEC 60870-5-101 的。

IEC 60870-5-104 是 IEC 60870-5-101 协议的扩展。其传输、网络、链路和物理层服务发生了变化，以适应完整的网络访问。该标准使用开放的 TCP/IP 接口进行网络连接以连接到局域网（LAN），并且可以使用具有不同功能（ISDN、X.25、帧中继等）的路由器连接到广域网（WAN）。TCP 协议用于面向连接的安全数据传输。IEC 60870-5-104 的应用层保留与 IEC 60870-5-101 的应用层相

同，但未使用某些数据类型和功能。标准中定义了两个单独的链路层，适用于通过以太网和串行线路（PPP—点对点协议）进行数据传输。IEC 60870-5-104的控制字段数据包含用于有效处理网络数据同步的各种类型的机制。

2. 标准特点

变电站系统要求站内设备的信息可充分共享，并通过远动通信接口实现与外部系统的信息共享，构建一个快捷、稳定、可靠和富有弹性的通信网络是变电站系统的基本要求，也是整个电力系统运行管理自动化的根本前提。

简单的串行通信技术和现场总线技术在实现变电站通信过程中存在局限性和瓶颈问题，变电站通信系统需要网络技术，更需要宽带、通用和符合国际标准的网络技术。在带宽、可扩展性、可靠性、经济性、通用性等方面的综合评估中，以太网具备压倒性的优势，成为变电站系统中通信技术发展的趋势。

IEC 60870-5-104 的最大特点是，它可以通过标准网络进行通信，从而可以在多个设备和服务之间同时进行数据传输。IEC 60870-5-104 规约为远动信息的网络传输提供了通信规约依据。采用 IEC 60870-5-104 规约组合 IEC 60870-5-101 规约的 ASDU 的方式后，可很好地保证规约的标准化和通信的可靠性。除此之外，IEC 60870-5-101 具有的优缺点也同样适用于 IEC 60870-5-104。其 ISO/OSI 模型见表 2-4。

表 2-4　　　　　IEC 60870-5-104 标准的 ISO/OSI 通信点表

层数	分层名称	协议	
7	应用层	IEC 60870-5-104 Companion Standard IEC 60870-5-5，IEC 60870-5-4	
6	表示层	N/A	
5	会话层	N/A	
4	传输层	TCP（RFC 793）	
3	网络层	IP（RFC 791）	
2	链路层	PPP（RFC 1661 & RFC 1662）	Transmission of IP datagrams over ethernet network（RFC 894）
1	物理层	X.21	Ethernet（IEEE 802.3）

二、IEC 60870-5-104 报文信息体基地址范围及类型标示符

信息体基地址范围见表 2-5。

表 2-5　　　　　　　　　　　　IEC 60870-5-104 信息体基地址

类别	1997 版基地址	2002 和 2009 版基地址
遥信	1H～400H	1H～4000H
遥测	701H～900H	4001H～5000H
遥控	B01H～B80H	6001H～6100H
设点	B81H～COOH	6201H～6400H
电度	C01H～C80H	6401H～6600H

常用报文的类型标示符见表 2-6。

表 2-6　　　　　　　　　IEC 60870-5-104 常用报文的类型标示符

序号	类型标示	十六进制	十进制	含义
1	建立连接或启动链路	07	07	和装置建立网络连接，或停止链路后再启动链路
2	停止链路	13	19	网络建立连接成功后，停止链路，只发 U 格式测试帧
3	召唤全数据	64	100	召唤全数据
4	召唤全电度	65	101	召唤全电度
5	对时	67	103	和主站时钟同步
6	遥测	09	09	带品质描述的测量值，每个遥测值占 3 个字节
7		0a	10	带 3 个字节时标的且具有品质描述的测量值，每个遥测值占 6 个字节
8		0b	11	不带时标的标度化值，每个遥测值占 3 个字节
9		0c	12	带 3 个时标的标度化值，每个遥测值占 6 个字节
10		0d	13	带品质描述的浮点值，每个遥测值占 5 个字节
11		0e	14	带 3 个字节时标且具有品质描述的浮点值，每个遥测值占 8 个字节
12		15	21	不带品质描述的遥测值，每个遥测值占 2 个字节
13	遥信	01	01	不带时标的单点遥信，每个遥信占 1 个字节。00：遥信分；01：遥信合
14		03	03	不带时标的双点遥信，每个遥信占 1 个字节。01：遥信分；02：遥信合
15		14	20	具有状态变位检出的成组单点遥信，每个字节 8 个遥信
16	SOE	02	02	带 3 个字节短时标的单点遥信，每个遥信占 4 个字节。00：遥信分；01：遥信合。后面 3 个字节短时标
17		04	04	带 3 个字节短时标的双点遥信，每个遥信占 4 个字节。01：遥信分；02：遥信合。后面 3 个字节短时标

续表

序号	类型标示	十六进制	十进制	含义
18	SOE	1e	30	带 7 个字节时标的单点遥信,每个遥信占 4 个字节。00:遥信分;01:遥信合。后面 7 个字节短时标
19		1f	31	带 7 个字节时标的双点遥信,每个遥信占 4 个字节。01:遥信分;02:遥信合。后面 7 个字节短时标
20	遥控	2d	45	不带时标的单点遥控,每个遥控占 1 个字节。遥控选择分:0x80;遥控执行或遥控撤销分:0x00。遥控选择合:0x81;遥控选择或遥控撤销合:0x01
21		2e	46	不带时标的双点遥控,每个遥控占 1 个字节

三、IEC 60870−5−104 报文分析示例

以公共地址字节数=2、传输原因字节数=2、信息体地址字节数=3 为例对一些常用的报文进行举例分析。报文中的长度指的是除启动字符与长度字节外的所有字节总数。长帧报文中的"发送序号"与"接收序号"具有抗报文丢失功能。

1. 建立网络连接或启动链路

主站发送→激活传输启动:

68(启动符)04(长度)07(控制域)00 00 00

从站发送→确认激活传输启动:

68(启动符)04(长度)0B(控制域)00 00 00

2. 停止链路

建立网络连接后,可停止链路,只响应 U 帧测试帧。

主站发送→停止链路:

68(启动符)04(长度)13(控制域)00 00 00

从站发送→确认停止链路:

68(启动符)04(长度)23(控制域)00 00 00

3. U 帧测试帧

如果主站超过一定时间没有下发报文或装置也没有上送任何报文,则双方都可以按频率发送 U 帧测试帧:

主站发送→U 帧测试帧:

68(启动符)04(长度)43(控制域)00 00 00

从站发送→应答 U 帧测试帧:

68(启动符)04(长度)83(控制域)00 00 00

4. S 帧测试帧

记录接收到的长帧，主站可以按频率发送 S 帧，比如接收 8 帧 I 帧回答一帧 S 帧，也可以要求接收 1 帧 I 帧就应答 1 帧 S 帧。

主站发送→S 帧：

68（启动符）04（长度）01（控制域）00 02 00

5. 总召唤

召唤遥测、遥信（可变长 I 帧），初始化后定时发送总召唤，每次总召唤的间隔时间一般设为 15min 召唤一次，不同的主站系统设置不同。

主站发送→总召唤：

68（启动符）0E（长度）00 00（发送序号）00 00（接收序号）64（类型标示：总召唤）01（可变结构限定词）06 00（传输原因：激活）01 00（公共地址即装置地址）00 00 00（信息体地址）14（区分是总召唤还是分组召唤，2002 年修改后的规约中没有分组召唤）。

从站发送→总召唤确认（发送帧的镜像，除传送原因不同）：

68（启动符）0E（长度）00 00（发送序号）00 00（接收序号）64（类型标示：总召唤）01（可变结构限定词）07 00（传输原因：激活确认）01 00（公共地址即装置地址）00 00 00（信息体地址）14（同上）

从站发送→遥测帧（类型标示符 09 带品质描述的遥测，传输原因：14 响应总召唤）：

68（启动符）13（长度）06 00（发送序号）02 00（接收序号）09（类型标示：带品质描述的遥测）82（可变结构限定词，有 2 个连续遥测上送）14 00（传输原因：响应总召唤）01 00（公共地址）01 40 00（信息体地址，从 0X4001 开始第 0 号遥测）A1 10（遥测值 10A1）00（品质描述）89 15（遥测值 1589）00（品质描述）

从站发送→遥信帧（类型标示符为 01 的单点遥信，传输原因：14 响应总召唤）：

68（启动符）1A（长度）02 00（发送序号）02 00（接收序号）01（类型标示：单点遥信）04（可变结构限定词，有 4 个遥信上送）14 00（传输原因：响应总召唤）01 00（公共地址即装置地址）01 00 00（信息体基地址）00（第 1 号遥信，分）01（第 2 号遥信，合）00（第 3 号遥信，分）00（第 4 号遥信，分）

从站发送→结束总召唤帧（主站发送总召唤命令，从站才对应发送结束总召唤帧）：

68（启动符）0E（长度）08　00（发送序号）02 00（接收序号）64（类型标示：总召唤）01（可变结构限定词）0A 00（传输原因：激活结束）01　00（公共地址）00 00 00（信息体地址）14（区分是总召唤还是分组召唤，02 年修改后

的规约中没有分组召唤）

主站发送→S 帧：

68 04 01 00 0A 00

6. 变化遥信

如果有变化数据产生，装置会主动上送至主站，主动上送的变位遥信如下：

从站发送→变位遥信（以类型标示符为 01 的单点遥信为例）：

68（启动符）0E（长度）16 00（发送序号）06 00（接收序号）01（类型标示：单点遥信）01（可变结构限定词，有 1 个变位遥信上送）03 00（传输原因：表突发事件）01 00（公共地址即装置地址）03 00 00（信息体地址，第 3 号遥信）00（遥信分）

主站发送→S 帧：

68 04 01 00 18 00

从站发送→变位遥信（以类型标示符为 03 的单点遥信为例）：

68（启动符）0E（长度）18 00（发送序号）06 00（接收序号）03（类型标示：双点遥信）01（可变结构限定词，有 1 个变位遥信上送）03 00（传输原因：表突发事件）01 00（公共地址即装置地址）03 00 00（信息体地址，第 3 号遥信）01（遥信分）

主站发送→S 帧：

68 04 01 00 1a 00

四、IEC 60870-5-104 在时间同步装置上的应用

IEC 60870-5-104 主要用于时间同步装置上送自身状态信息。时间同步装置与后台 IEC 60870-5-104 通信点表示意见表 2-7。

表 2-7　　　　　　　　　IEC 60870-5-104 通信点表示意

点号	名称	备注
1	BD 时源信号状态	遥信
2	GPS 时源信号状态	遥信
3	B1 时源信号状态	遥信
4	B2 时源信号状态	遥信
5	BD 天线状态	遥信
6	GPS 天线状态	遥信
7	B1 信号有无	遥信
8	B2 信号有无	遥信
9	BD 接收模块状态	遥信

续表

点号	名称	备注
10	GPS 接收模块状态	遥信
11	B 码 1 校验状态	遥信
12	B 码 2 校验状态	遥信
13	电源模块 1 状态	遥信
14	晶振驯服状态	遥信
15	初始化状态	遥信
16	电源模块 2 状态	遥信
17	BD 时间跳变侦测状态	遥信
18	GPS 时间跳变侦测状态	遥信
19	B 码 1 时间跳变侦测状态	遥信
20	B 码 2 时间跳变侦测状态	遥信
16385	时间源选择	遥测

时间同步装置上送给后台的 IEC 60870－5－104 报文示例如图 2－3 所示。

```
主站发送
68 04 07 00 00 00
起始字节=68 数据单元长度(APDU)=4 U格式帧 STARTDT:ACT=1 CON=0 STOPDT:ACT=0 CON=0 TESTFR: ACT=0 CON=0
从站发送
68 04 0b 00 00 00
起始字节=68 数据单元长度(APDU)=4 U格式帧 STARTDT:ACT=0 CON=1 STOPDT:ACT=0 CON=0 TESTFR: ACT=0 CON=0
链路连接完成!
从站发送
68 16 00 00 00 00 01 03 03 00 01 00 02 00 00 00 06 00 00 00 0e 00 00 00
起始字节=68 数据单元长度(APDU)=22 I格式帧 发送序号(NS)=0 接收序号(NR)=0 TI= 1 VSQ=03 SQ=0 INFONUM=3 COT= 0003 T=0 PN=0 CAUSE =3 COA =1 M_SP_NA_1
单点遥信变位            肯定认可     突发
 变位有效 IV=0  当前值 NT=0  未被取代 SB=0  未被封锁 BL=0 点号=2 分
 变位有效 IV=0  当前值 NT=0  未被取代 SB=0  未被封锁 BL=0 点号=6 分
 变位有效 IV=0  当前值 NT=0  未被取代 SB=0  未被封锁 BL=0 点号=14 分
从站发送
68 2b 02 00 00 00 1e 03 03 00 01 00 02 00 00 00 8e 64 1a 10 14 05 15 06 00 00 00 8e 64 1a 10 14 05 15 0e 00 00 00 8e 64 1a 10 14 05 15
起始字节=68 数据单元长度(APDU)=43 I格式帧 发送序号(NS)=1 接收序号(NR)=0 TI= 30 VSQ=03 SQ=0 INFONUM=3 COT= 0003 T=0 PN=0 CAUSE =3 COA =1 M_SP_TB_1
带 CP56Time2a 时标的单点信息          肯定认可     突发
 变位有效 IV=0  当前值 NT=0  未被取代 SB=0  未被封锁 BL=0  点号=2 分  742毫秒 25秒    26分 TIV=0时间有效 16小时 20日 5月 21年
 变位有效 IV=0  当前值 NT=0  未被取代 SB=0  未被封锁 BL=0  点号=6 分  742毫秒 25秒    26分 TIV=0时间有效 16小时 20日 5月 21年
 变位有效 IV=0  当前值 NT=0  未被取代 SB=0  未被封锁 BL=0  点号=14 分  742毫秒 25秒    26分 TIV=0时间有效 16小时 20日 5月 21年
从站发送
68 17 04 00 00 00 22 01 03 00 01 00 01 40 00 01 00 00 8e 64 1a 10 14 05 15
起始字节=68 数据单元长度(APDU)=23 I格式帧 发送序号(NS)=2 接收序号(NR)=0 TI= 34 VSQ=01 SQ=0 INFONUM=1 COT= 03 T=0 PN=0 CAUSE =3 COA =1 M_ME_TD_1
带 CP56Time2a 时标的测量值 规一化值          肯定认可     突发
 变化有效 IV=0  当前值 NT=15859712  未被取代 SB=0  未被封锁 BL=0 点号=16385 OV=0 未溢出  值=1 规一化值=0.000031  242毫秒 0秒    26分 TIV=0时间有效 16小时 20日 5月 21年
```

图 2－3　IEC 60870－5－104 示例报文

图 2-3 中，在后台（主站）与时间同步装置（从站）之间的链路连接完成后，时间同步装置会上传自从上次建立连接之后的点位变化。从图 2-3 和表 2-7 可以分析得出，时间同步装置当前的 GPS 天线状态恢复正常（点号 6 分）、GPS 时源信号状态恢复正常（点号 2 分）、晶振驯服完成（点号 14 分）、当前装置为主时钟且时源选择为 GPS（点号 16385 值为 1）。由此，时间同步装置的自身状态变化及时标便会被后台记录。

第三节　IEEE 1588

网络测控系统精确时钟同步协议（Precision Time Protocol，PTP）是一种对标准以太网终端设备进行时间和频率同步的协议，也称为 IEEE 1588。

IEEE 1588 分为 IEEE 1588v1 和 IEEE 1588v2 两个版本，IEEE 1588v1 只能达到亚毫秒级的时间同步精度，而 IEEE 1588v2 可以达到亚微秒级同步精度。IEEE 1588v2 被定义为时间同步的协议，本来只是用于设备之间的高精度时间同步，随着技术的发展，IEEE 1588v2 也具备频率同步的功能。现在 IEEE 1588v1 基本已被 IEEE 1588v2 取代，以下非特殊说明，PTP 即表示 IEEE 1588v2。

一、原理描述

1. 同步的概念

在现代通信网络中，大多数电信业务的正常运行要求全网设备之间的频率或时间差异保持在合理的误差水平内，即网络时钟同步。

网络时钟同步包括相位同步和频率同步两个概念。

（1）相位同步（Phase synchronization）。相位同步也称为时间同步，是指信号之间的频率和相位都保持一致，即信号之间相位差恒定为零。

（2）频率同步（Frequency synchronization）。频率同步是指信号之间的频率或相位上保持某种严格的特定关系，信号在其相对应的有效瞬间以同一速率出现，以维持通信网络中所有的设备以相同的速率运行，即信号之间保持恒定相位差。

为防止概念混淆，下文中时间同步统一表示相位同步，时钟同步表示同时进行相位同步和频率同步。

2. 时钟同步原理

应用网络时钟同步的网络，称为时钟同步网。时钟同步网分为两级，其中一级节点采用 1 级时钟同步设备，二级节点采用 2 级时钟同步设备，二级节点以下是客户端设备，即为包括基站在内的需要时钟同步的设备。

客户端时间同步链路是时钟同步网节点至客户端的时钟同步链路，因为这段链路需进行包括以太时钟同步、NTP 在内的多种同步方式，它包括 NTP 传送方式在内的各种传输链路。节点时钟同步链路是时钟同步网节点之间的时钟同步链路，它包括除 NTP 传送方式以外的各种传输链路，主要采用 DCLS（DC Level Shifter，是 IRIG-B 码的另一种传输码形，用直流电位来携带码元信息，比较适用于双绞线局内传输）传送方式的专线链路。

整个 PTP 网络中，所有时钟都会按照主从（Master-Slave）层次关系组织在一起，各节点向系统的最优时钟 Grandmaster 上逐级同步时钟。整个同步的过程是通过交换 PTP 报文来完成的。从时钟通过 PTP 报文中携带的时间戳信息计算与主时钟之间的偏移和延时，据此调整本地时钟达到与主时钟的同步。

分级时钟同步网络的示意如图 2-4 所示。

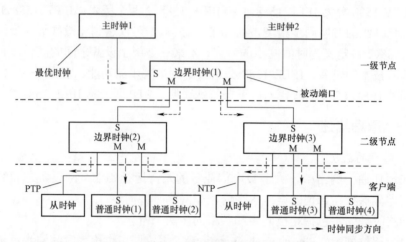

图 2-4 分级同步时钟网

3. PTP 的基本概念

（1）PTP 域。应用了 PTP 协议的网络称为 PTP 域。网络中可能含有多个 PTP 域，PTP 域是独立 PTP 时钟同步系统，一个 PTP 域内有且只有一个时钟源，域内的所有设备都与该时钟源保持同步。

（2）时钟节点。PTP 域中的节点称为时钟节点，PTP 协议定义了以下三种类型的基本时钟节点：

1）普通时钟（Ordinary Clock，OC）。同一个 PTP 域内，只存在单个物理端口参与 PTP 时间同步。设备通过该端口从上游节点同步时间，或者向下游节点发布时间。

2）边界时钟（Boundary Clock，BC）。同一个 PTP 域内，可以存在两个或两个以上物理端口参与 PTP 时间同步。其中一个端口从上游设备同步时间，其余多个端口向下游设备发布时间。此外，当时钟节点作为时钟源，同时通过多个 PTP 端口向下游时钟节点发布时间，也称其为 BC。

3）透明时钟（Transparent Clock，TC）。TC 与 BC、OC 最大的不同是 BC 和 OC 都要保持本设备与其他设备的时间同步，但 TC 则不与其他设备保持时间同步。TC 有多个 PTP 端口，它只是在这些 PTP 端口之间转发 PTP 报文，对其进行转发时延校正，并不从任何一个端口同步时间。

（3）PTP 端口。设备上运行了 PTP 协议的端口称为 PTP 端口，PTP 端口按角色可分为以下三种：

1）主端口（Master Port）。发布同步时间的端口，可存在于 BC 或 OC 上。

2）从端口（Slave Port）。接收同步时间的端口，可存在于 BC 或 OC 上。

3）被动端口（Passive Port）。不接收同步时间，也不对外发布同步时间，闲置备用的端口，只存在于 BC 上。

（4）主从关系。PTP 域的节点设备按照一定的主从关系（Master-Slave）进行时钟同步。主从关系是相对而言的，被同步的节点设备称为从节点，发布时钟的节点设备称为主节点，一台设备可能同时从上层节点设备同步时钟，然后向下层节点设备发布时钟。

对于相互同步的一对时钟节点来说，存在如下主从关系：

1）发布同步时间的节点称为主节点，而接收同步时间的节点则称为从节点。

2）主节点上的时钟称为主时钟，而从节点上的时钟则称为从时钟。

3）发布同步时间的端口称为主端口，而接收同步时间的端口则称为从端口。

（5）最优时钟。PTP 域中所有的时钟节点都按一定层次组织在一起，整个域的参考时钟就是最优时钟（Grandmaster Clock，GMC），即最高层次的时钟。通过各时钟节点间 PTP 报文的交互，最优时钟的时间最终将被同步到整个 PTP 域中，因此也称其为时钟源。最优时钟可以通过手工配置静态指定，也可以通过最佳主时钟（Best Master Clock，BMC）算法动态选举。

（6）PTP 报文。PTP 通过主从节点间交互报文，实现主从关系的建立、时间和频率同步。根据报文是否携带时间戳，可以将 PTP 报文分为事件报文和通用报文。

1）事件报文。时间概念报文，进出设备端口时打上精确的时间戳，PTP 根据事件报文携带的时间戳，计算链路延迟。事件报文包含 Sync、Delay_Req、Pdelay_Req 和 Pdelay_Resp 四种。

2）通用报文。非时间概念报文，进出设备不会产生时间戳，用于主从关系的建立、时间信息的请求和通告。通用报文包含 Announce、Follow_Up、Delay_Resp、Pdelay_Resp_Follow_Up、Management 和 Signaling 6 种。目前设备不支持 Management、Signaling 报文。

二、时钟同步步骤

时钟同步的实现主要包括建立主从关系，选取最优时钟、协商端口主从状态 3 个步骤；频率同步，实现从节点频率与主节点同步；时间同步，实现从节点时间与主节点同步。

（一）主从关系建立

1. 主从关系建立步骤

PTP 是通过端口接收到和发送 Announce 报文，实现端口数据集和端口状态机信息的交互。BMC 算法通过比较端口数据集和端口状态机，实现时钟主从跟踪关系。一般按照下面几个步骤来建立：

（1）接收和处理来自对端设备端口的 Announce 报文。

（2）利用 BMC 算法决策出最优时钟和端口的推荐状态，包括 Master、Slave 或者 Passive 状态。

（3）根据端口推荐状态，更新端口数据集合。

（4）按照推荐状态和状态决策事件，根据端口状态机决定端口的实际状态，实现时钟同步网络的建立。状态决策事件包括 Announce 报文的接收事件和接收 Announce 报文的超时时间结束事件，当接口接收 Announce 报文的时间间隔大于超时时间间隔时，将此 PTP 接口状态置为 Master。

2. BMC 算法

在 PTP 域中，最优时钟的选取，端口主从关系的确立，都是依靠最优时钟 BMC 算法来完成的。BMC 算法比较各时钟节点之间通过交互的 Announce 报文中所携带的数据集，来选取最优时钟，并且决定各 PTP 端口状态。

BMC 算法用来选取最优时钟和决定 PTP 端口状态的数据集包括以下信息：

（1）Priority1。时钟优先级 1，支持用户配置，取值范围是 0～255，取值越小优先级越高。

（2）Clock Class。时钟级别，定义时钟的时间或频率的国际原子时（International Atomic Time，TAI）跟踪能力。

（3）Clock Accuracy。时钟精度，取值越低精确度越高。

（4）Offset Scaled Log Variance。时钟稳定性。

（5）Priority2。时钟优先级 2，支持用户配置，取值范围是 0～255，取值越小优先级越高。

PTP 设备在执行动态 BMC 选源算法时，优先级选择的排序是 Priority1＞Clock—Class＞Clock—Accuracy＞Offset Scaled Log Variance＞Priority2，即先比较参选时间源的 Priority1，若 Priority1 相同再比较 Clock—Class，以此类推，优先级高、级别高、精度好的时钟成为最优时钟。

通过改变时钟的优先级、级别等属性，用户影响 PTP 系统主时钟的选取，从而选中自己希望同步的时钟信号。BMC 算法可以实现 PTP 时钟同步分配和保护。

（二）PTP 频率同步

在主从关系建立后，即可以进行频率同步和时间同步。PTP 本来只是用户设备之间的高精度时间同步，但也可以被用来进行设备之间的频率同步。

PTP 通过记录主从设备之间事件报文交换时产生的时间戳，计算出主从设备之间的路径延迟和时间偏移，实现主从设备之间的时间和频率同步，设备支持两种携带时间戳的模式，分别为：

（1）单步时钟模式（One Step）。指事件报文 Sync 和 Pdelay_Resp 带有本报文发送时刻的时间戳，报文发送和接收的同时也完成了时间信息的通告。

（2）两步时钟模式（Two Step）。指事件报文 Sync 和 Pdelay_Resp 不带有本报文发送时刻的时间戳，而分别由后续的通用报文 Follow_Up 和 Pdelay_Resp_Follow_Up 带上该 Sync 和 PDelay_Resp 报文的发送时间信息。两步时钟模式中，时间信息的产生和通告分两步完成，这样可以兼容一些不支持给事件报文打时间戳的设备。

（三）PTP 时间同步

PTP 时间同步有 Delay 方式和 Pdelay 方式，如此划分主要是由于 PTP 计算路径延时有两种机制。

（1）延时请求−请求响应机制（End to End，E2E）。根据主从时钟之间的整体路径延时时间计算时间差。

（2）对端延时机制（Peer to Peer，P2P）。根据主从时钟之间的每一条链路延时时间计算时间差。

第三章

时间同步装置的分类及应用

电力系统时间同步装置为调度、变电站、发电厂等所属监控系统、保护设备及生产控制系统提供高精度时间信号，为电力系统的稳定可靠运行及事故分析提供统一的时间刻度，为现代化的电网的运行保驾护航。

第一节 "四统一"时间同步装置

由于早期对时间同步装置缺乏统一的要求，虽然都能满足电力系统的要求，但其实现方式、装置界面、装置结构和各类信号接口等都不相同，这就增加了资源配置和设备维护的难度。为此，国家电网公司提出了时间同步系统"四统一"标准，通过对时间同步装置统一外观接口、信息模型、通信服务、监控图形，规范参数配置、功能要求、版本管理、质量控制，达到实现变电站自动化设备标准化、时间同步装置功能规范化、运行检修维护效率最大化，装置的功能和性能大幅度提升，进一步引领智能变电站自动化技术发展方向。

一、应用分类

"四统一"时间同步装置分为普通时钟和监测时钟。普通时钟可接收卫星时间同步信号或地面时间基准信号，并输出各类时间信号；监测时钟除完成普通时钟的功能外还可以完成时间监测功能。"四统一"时间同步装置应用分类见表3-1。

表3-1 "四统一"时间同步装置应用分类

序号	类型	应用分类	功能
1	"四统一"时间同步装置	普通时钟	接收卫星时间同步信号或地面时间基准信号，输出各类时间信号
2		监测时钟	接收卫星时间同步信号或地面时间基准信号，输出各类时间信号，完成时间监测功能

二、外观及结构

"四统一"时间同步装置采用 4U 机箱，装置硬件采用模块化、标准化、插件式结构，除电源模块和 CPU 模块外，任何一个模块故障时，不应影响其他模块的正常工作，并且时间输出模块可在插槽允许范围内任意组合。

装置具备 10 个 LED 指示灯，指示灯定义和排列顺序见表 3-2。

表 3-2　　　　　　　　　　装 置 指 示 灯 定 义

序号	名称	颜色	点亮条件	正常运行状态
1	运行	绿色	工作正常时（具备输出能力）常亮，工作异常（装置同步后死机无输出）时指示灯熄灭	亮
2	故障	红色	装置存在故障，不可恢复或严重影响装置正常运行时常亮，无故障时指示灯熄灭	灭
3	告警	黄色	装置存在异常，但可自行恢复或不影响装置正常运行时常亮；无告警时指示灯熄灭	灭
4	同步	绿色	装置与至少一路外基准源保持同步时常亮，装置未同步时指示灯熄灭	亮
5	秒脉冲	绿色	秒脉冲节拍输出时闪烁，无脉冲输出指示灯熄灭	闪烁
6	北斗	绿色	北斗正常时常亮，北斗异常或未配置该模块指示灯熄灭	亮
7	GPS	绿色	GPS 正常时常亮，GPS 异常或未配置该模块指示灯熄灭	亮
8	IRIB-B1	绿色	IRIG-B1 正常时常亮，IRIG-B1 异常（时间质量位 f 或校验位异常）或未用时指示灯熄灭	亮
9	IRIB-B2	绿色	IRIG-B2 正常时常亮，IRIG-B2 异常（时间质量位 f 或校验位异常）或未用时指示灯熄灭	亮
10	状态监测	绿色	状态监测功能正常时常亮，状态监测异常或未启用状态监测功能时指示灯熄灭	亮

装置具备液晶显示功能，液晶分辨率应不小于 128×64 点阵，尺寸应不小于 3.5 英寸。人机交互区配置键盘或触摸屏，键盘具备向上、向下、向左、向右、加、减、确认和取消 8 个功能按键。按键的印字和功能定义见表 3-3。

表 3-3　　　　　　　　　　装 置 按 键 功 能 定 义

序号	按键名称	按键印字	按键功能
1	向上键	▲	光标往上移动
2	向下键	▼	光标往下移动
3	向左键	▲	光标往左移动
4	向右键	▼	光标往右移动

续表

序号	按键名称	按键印字	按键功能
5	加键	＋	数字加 1 操作
6	减键	－	数字减 1 操作
7	确认键	确认	确认执行操作
8	取消键	取消	取消操作

装置面板配置有铭牌标识，注明生产厂家、装置型号、电源电压、出厂编号、装置硬件板卡和二维码信息等。装置面板布局如图 3－1 所示。

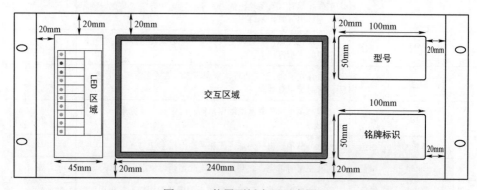

图 3－1 装置面板布局示意图

装置通常配置的板卡有电源板、CPU 板、SIG 板和信号输出板。信号输出板的接口类型包括 TTL 接口、RS 485 接口、RS 232 接口、光纤接口、静态空节点接口和网络接口等，每一种接口类型的信号输出板可在机箱允许范围内任意组合。装置背板示意图如图 3－2 所示。

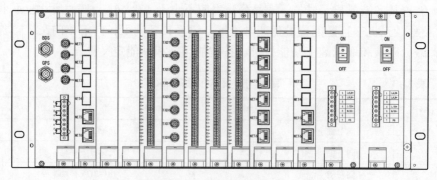

图 3－2 背板布局示意图

三、装置功能

"四统一"时间同步装置通常具备以下基本功能：① 面板指示信息功能；② 告警输出功能；③ 输出对时信号功能；④ 守时功能；⑤ 输入延时/输出延迟补偿功能；⑥ 时源选择及切换功能；⑦ 闰秒处理功能；⑧ 监测功能；⑨ 位置信息解析功能。

1. 面板指示信息功能

装置面板指示信息包括指示灯和液晶界面显示信息。装置指示灯信息详见表 3-2。装置液晶界面显示的信息包括年、月、日、时、分、秒，时间基准，卫星颗数（或地面时间基准的质量位），主从模式等运行信息。装置液晶界面显示示意图如图 3-3 所示。

图 3-3　装置液晶界面显示示意图

2. 告警输出功能

装置至少有失电告警、装置异常和装置故障三组告警硬接点输出：

（1）断开装置任一电源，装置失电告警节点应闭合。

（2）装置发生异常时，装置异常节点应闭合。

（3）装置发生故障时，装置故障节点应闭合。

3. 输出对时信号功能

装置对时信号输出条件为：

（1）装置初始化状态（装置上电后，未与外部时间基准信号同步前）不应有输出。

（2）装置跟踪锁定状态（装置正与至少一路外部时间基准信号同步）应有输出。

（3）装置守时保持状态（装置原先处于跟踪锁定状态，工作过程中与所有外部时间基准信号失去同步）应有输出。

装置输出对时信号包括 IRIG-B 码信号、脉冲信号、串口时间报文信号、网络时间报文信号。

4. 守时功能

装置先处于跟踪锁定状态，当与所有外部时间基准信号失去同步后应进入守时状态。

5. 输入延时/输出延迟补偿功能

通过改变输入延时或者输出延迟补偿参数，对因线缆较长引起的时间延迟进行补偿，保证输出的时间信号准确度误差在允许范围内。

6. 时源选择及切换功能

（1）在初始化阶段，上电后应禁止输出，当根据多源判断与选择逻辑得到要跟踪时源后，快速跟踪选定的时源，直至达到标称准确度指标后输出。

（2）在正常工作阶段，当发生超过标称准确度范围的调整场景，根据多源选择逻辑进行时钟源调整。从守时恢复锁定或时源切换时，不应采用瞬间跳变的方式跟踪，而应逐渐逼近要调整的值，滑动步进 $0.2\mu s/s$（标称准确度范围内需要的微调量可小于该值）。

7. 闰秒处理功能

当闰秒发生时，装置应正常响应闰秒，且不应发生时间跳变等异常行为，闰秒预告位应在闰秒来临前最后 1min 内的 00s 置 1，在闰秒到来后的 00s 置 0，闰秒标志位置 0 表示正闰秒，置 1 表示负闰秒。闰秒处理方式如下：

（1）正闰秒处理方式：----→57s→58s→59s→60s→00s→01s→02s→----。

（2）负闰秒处理方式：----→57s→58s→00s→01s→02s→----。

（3）闰秒处理应在北京时间 1 月 1 日 7 时 59 分、7 月 1 日 7 时 59 分两个时间内完成调整。

8. 监测功能

（1）NTP 监测功能。主时钟监测模块采用 NTP 方式按照设定的轮询周期定期轮询主时钟、从时钟及站控层被授时设备的对时偏差，当轮询到某装置一次监测值越限时，应以 1s/次的周期连续监测 5 次，并对 5 次的结果去掉极值后取其平均值作为此次监测的结果，若平均值越限则产生越限告警信息。

（2）GOOSE 监测功能。主时钟监测模块采用 GOOSE 方式按照设定的轮询周期定期轮询主时钟、从时钟及站控层被授时设备的对时偏差，当轮询到某装置一次监测值越限时，应以 1s/次的周期连续监测 5 次，并对 5 次的结果去掉极值后取其平均值作为此次监测的结果，若平均值越限则产生越限告警信息。

（3）告警信息上送。当时间同步装置监测模块发现被监测设备时间同步异常时应产生告警，并将告警信息上送给监控系统。若在监测过程中没有发现对时异常的装置，则按照设定的周期定时发送时钟装置时间同步监测工作状态正常和所有被监测装置时间偏差监测正常两个信号至监控系统，表示站内时间同步装置和被授时设备时间同步状态正常。

9. 位置信息解析功能

（1）时间同步装置初始化完成之前，位置信息初始化为 0。

（2）当时间同步装置至少锁定 5 颗星时，开始解析位置信息，若锁定卫星颗数不足 5 颗，不进行位置信息解析。

（3）当时间同步装置连续解析位置信息 20min 后（保持锁定至少 5 颗星），按照时源选择的结果选择定位方式，即当时源选择结果为北斗时源时，采用北斗定位的位置信息作为当前位置的定位结果；当时源选择结果为 GPS 时源时，采用 GPS 定位的位置信息作为当前位置的定位结果。

（4）记录并存储定位结果的经度、纬度、高度信息作为当前位置信息，同时记录并存储位置信息的定位方式，后续不再对存储的当前位置信息进行更改。

（5）每次装置重启后，装置应重新初始化位置信息。

四、装置性能

1. 时间同步信号输出性能要求

（1）脉冲信号宽度在 10～200ms 范围内。

（2）TTL 脉冲信号准时沿上升时间不大于 100ns，上升沿的时间准确度优于 1μs。

（3）静态空接点准时沿上升时间不大于 1μs，上升沿的时间准确度优于 3μs。

（4）RS 422/RS 485 脉冲信号准时沿上升时间不大于 100ns，上升沿的时间准确度优于 1μs。

（5）光纤信号时间准确度优于 1μs。

（6）IRIG-B 码为每秒 1 帧，每帧含 100 个码元，每个码元 10ms。IRIG-B 码的码元信息包含时区信息、时间质量信息、闰秒标识信息和 SBS 信息。

（7）RS 485 IRIG-B 码上升沿的时间准确度优于 1μs，抖动时间小于 200ns。

（8）光纤 IRIG-B 码上升沿的时间准确度应优于 1μs，抖动时间不大于 200ns。

（9）RS 232C 串行口时间报文对时的时间准确度优于 5ms。串口报文格式包含时区信息、时间质量信息、闰秒标识信息和年、月、日、时、分、秒等时间信息。

（10）NTP 时间同步应支持客户端/服务器模式，对时的时间准确度优于10ms。

（11）PTP 授时精度优于 1μs。

2. 主时钟捕获时间性能

（1）冷启动捕获时间小于 1200s。

（2）热启动捕获时间小于 120s。

3. 守时性能

装置预热时间不超过 2h，在守时 12h 状态下的时间准确度优于 1μs/h。

4. 时间监测性能

（1）NTP 乒乓监测精度优于 2.5ms。

（2）GOOSE 乒乓监测精度优于 2.5ms。

5. 广播/组播数据压力下的性能

具有网口的时间同步设备，在网络中有正常非对时的业务数据流共存时，设备工作的可靠性不受影响。

6. 负载性能

（1）装置能同时处理不少于 100 个 NTP 对时客户端的请求。

（2）支持对不少于 32 个被监测对象的 NTP 及 GOOSE 乒乓监测。

7. 电源性能

（1）交流电源。

1）额定电压：220V。

2）允许偏差：−20%～+15%。

3）频率：50Hz，允许偏差±5%。

4）波形：正弦，谐波含量不大于 5%。

（2）直流电源。

1）额定电压：220V、110V、48V。

2）允许偏差：−20%～+15%。

3）直流纹波系数不大于 5%。

8. 环境条件

（1）工作温度：−5～+45℃。

（2）储存温度：−25～+70℃。

（3）湿度：5%～95%，不结露。

（4）大气压力：70～106kPa。

9. 绝缘性能

装置各电气回路对地和各电气回路之间的绝缘电阻要求见表 3−4。

表 3-4 绝 缘 电 阻

被试回路	绝缘电阻要求（MΩ）	测试电压（V）
各带电部分分别对地	≥20	500
整机输出端子对地	≥20	500
电气上无联系的各回路之间	≥20	500

10. 介质强度

装置各电气回路对地和各电气回路之间应能承受如表 3-5 所示频率为 50Hz 的试验电压 1min 的耐压试验而无击穿闪络及元器件损坏现象。

表 3-5 介 质 强 度

被试回路	额定绝缘电压（V）	试验电压（V）
整机输出端子对地	60~250	AC 1500
各带电部分分别对地	60~250	AC 1500
电气上无联系的各回路之间	60~250	AC 1500
整机带电部分对地	≤60	AC 500

11. 冲击电压

装置各电气回路对地和各电气回路之间应能承受如表 3-6 所示 1.2/50μs 的标准雷电波的短时冲击电压试验。

表 3-6 冲 击 电 压

被试回路	当额定绝缘电压大于 60V 时试验电压（kV）	当额定绝缘电压不大于 60V 时试验电压（kV）
整机输出端子对地	5	1
各带电部分分别对地	5	1
电气上无联系的各回路之间	5	1

12. 电磁兼容性能

装置电磁兼容性能满足 DL/T 1100.1《电力系统的时间同步系统　第 1 部分：技术规范》要求，具体性能试验和要求见表 3-7。

表3-7　　　　　　　　　　　　　　电磁兼容试验要求

序号	试验名称	引用标准	等级要求
1	静电放电抗扰度	DL/T 1100.1《电力系统的时间同步系统　第1部分：技术规范》	Ⅲ级
2	射频电磁场辐射抗扰度	DL/T 1100.1《电力系统的时间同步系统　第1部分：技术规范》	Ⅲ级
3	电快速瞬变脉冲群抗扰度	DL/T 1100.1《电力系统的时间同步系统　第1部分：技术规范》	Ⅲ级
4	浪涌（冲击）抗扰度	DL/T 1100.1《电力系统的时间同步系统　第1部分：技术规范》	Ⅲ级
5	工频磁场抗扰度	DL/T 1100.1《电力系统的时间同步系统　第1部分：技术规范》	Ⅲ级
6	脉冲磁场抗扰度	DL/T 1100.1《电力系统的时间同步系统　第1部分：技术规范》	Ⅲ级
7	阻尼振荡磁场抗扰度	DL/T 1100.1《电力系统的时间同步系统　第1部分：技术规范》	Ⅲ级
8	振荡波抗扰度	DL/T 1100.1《电力系统的时间同步系统　第1部分：技术规范》	Ⅲ级

13. 机械性能

装置能承受的机械振动性能要求为：

（1）装置能承受 GB/T 11287—2000《电气继电器　第21部分：量度继电器和保护装置的振动、冲击、碰撞和地震试验　第1篇：振动试验（正弦）》规定的严酷等级为Ⅰ级的振动响应和振动耐久试验。

（2）装置能承受 GB/T 14537—1993《量度继电器和保护装置的冲击与碰撞试验》规定的严酷等级为Ⅰ级的冲击响应和冲击耐久试验。

（3）装置能承受 GB/T 14537—1993《量度继电器和保护装置的冲击与碰撞试验》规定的严酷等级为Ⅰ级的碰撞试验。

五、版本管理

模型文件校验码计算采用四字节 CRC-32 校验码，CRC 校验码中的英文字母应为大写。CRC 参数参考如下：

（1）CRC 比特数 Width：32。

（2）生成项 Poly：04C11DB7。

（3）初始化值 Init：FFFFFFFF。

（4）待测数据是否颠倒 RefIn：True。

（5）计算值是否颠倒 RefOut：True。

（6）输出数据异或项 XorOut：FFFFFFFF。

（7）字串"123456789abcdef"的校验结果 Check：A2B4FD62。

版本信息文件的元素列表见表3-8。

表 3-8　　　　　　　　　　版本信息文件元素列表

序号	元素	说明
1	IedDesc	根元素
2	APP	应用软件信息
3	ICD	模型文件 ICD 信息
4	CID	模型文件 CID 信息

根元素列表见表 3-9。

表 3-9　　　　　　　　　　根 元 素 列 表

属性	说明	类型	M/O
devName	设备名称	STRING	M
devDesc	设备描述	STRING	M
DevNo	生产编号	STRING	M
子元素	说明		个数
APP	应用软件信息		1
ICD	模型文件 ICD 信息		1
CID	模型文件 CID 信息		1

应用软件信息列表见表 3-10。

表 3-10　　　　　　　　　　应用软件信息列表

属性	说明	类型	M/O
Version	软件版本	STRING	M
Time	软件生成时间（YYYY-MM-DD）或（YYYY-MM-DD HH：MM：SS）	FORMATTED STRING	M
CheckCode	软件校验码	STRING	M

模型文件 ICD 信息列表见表 3-11。

表 3-11　　　　　　　　　　模型文件 ICD 信息列表

属性	说明	类型	M/O
Version	模型文件版本	STRING	M
CheckCode	软件校验码	STRING	M
Time	软件生成时间（YYYY-MM-DD）或（YYYY-MM-DD HH：MM：SS）	FORMATTED STRING	O

模型文件 CID 信息列表见表 3-12。

表 3-12 模型文件 **CID** 信息列表

属性	说明	类型	M/O
Version	模型文件版本	STRING	M
CheckCode	软件校验码	STRING	M
Time	软件生成时间（YYYY-MM-DD） 或（YYYY-MM-DD HH：MM：SS）	FORMATTED STRING	O

版本信息文件示例如图 3-4 所示。

```xml
<?xml version="1.0" encoding="UTF-8"?>
<IedDesc devName="×××-××××" devDesc="时间同步装置主（从）时钟"DevNo=
"×××××××">
    <APP Version="V1.01" CheckCode="AD12FD12"Time="2016-07-27 14:14:25" />
    <ICD Version="V1.01" CheckCode="AD12FD12"Time="2016-07-27 14:14:25"/>
    <CID Version="V1.01" CheckCode="AD12FD12"Time="2016-07-27 14:14:25"/>
</IedDesc>
```

图 3-4 版本信息文件示例

六、参数设置

1. "装置状态"菜单内容

按规范要求，"装置状态"菜单内容见表 3-13。

表 3-13 装置状态菜单定义表

一级菜单	应包含的内容	含义		参数值
装置状态	电源状态	当前每路电源的工作状态		正常/异常
	频率源驯服状态	当前装置频率源驯服状态		驯服/未驯服
	告警状态	当前装置告警状态		当前触发告警的原因
	北斗状态	当前北斗时源各项状态	同步状态	同步/失步
			天线状态	正常/异常
			模块状态	正常/异常
			卫星颗数	实时值，无符号整数，单位颗
			通道差值	实时差值，有符号整数，单位：ns

一级菜单	应包含的内容	含义	参数值	
装置状态	GPS 状态	当前 GPS 时源各项状态	同步状态	同步/失步
			天线状态	正常/异常
			模块状态	正常/异常
			卫星颗数	实时值, 无符号整数, 单位颗
			通道差值	实时差值, 有符号整数, 单位: ns
	IRIG-B1 状态	当前第一路 IRIG-B 码输入各项状态	同步状态	同步/失步
			质量位	实时值, 无符号整数
			通道差值	实时差值, 有符号整数, 单位: ns
	IRIG-B2 状态	当前第二路 IRIG-B 码输入各项状态	同步状态	同步/失步
			质量位	实时值, 无符号整数
			通道差值	实时差值, 有符号整数, 单位: ns

2. "参数设置"菜单内容

"参数设置"菜单内容见表 3-14。

表 3-14 参数设置菜单定义表

一级菜单	应包含的内容	含义	参数值	
参数设置	主从配置	进行装置运行模式配置	主钟/从钟	
	串口信息	进行串口报文输出方式配置	串口报文类型	
			串口报文波特率	4800/9600
			串口报文校验方式	无/奇/偶
	IP 配置	进行 3 层网口配置	IP 地址	
			子网掩码	
			网关	
	延迟补偿	进行各路输入时源延迟补偿配置	输入补偿	单位: ns
	监测功能配置	监测功能是否启用	监测功能	启用/停止

3. "日志查询"菜单内容

能够正确显示至少最近 200 条的日志内容,每条日志内容应包括年、月、日、时、分、秒及触发事件。时间同步装置日志内容应正确记录表 3-15 所要求的事件。日志显示格式:条目号+日期(年月日时分秒)+日志内容。

表3-15 时间同步装置日志记录事件表

日志内容及触发事件	主时钟单元	从时钟单元
北斗信号异常/恢复	记录	不记录
GPS信号异常/恢复	记录	不记录
地面有线信号异常/恢复	不记录	不记录
热备时源信号异常/恢复	不记录	不记录
第1路IRIG-B码输入信号异常/恢复	记录	记录
第2路IRIG-B码输入信号异常/恢复	记录	记录
北斗天线状态异常/恢复	记录	不记录
GPS天线状态异常/恢复	记录	不记录
北斗卫星接收模块状态异常/恢复	记录	不记录
GPS卫星接收模块状态异常/恢复	记录	不记录
初始化状态异常/恢复	记录	记录
时间跳变侦测状态异常/恢复	记录	记录
电源模块状态异常/恢复	记录	记录
时间源选择结果	记录	记录

第二节 非"四统一"时间同步装置

在"四统一"时间同步装置规范发布之前，各厂家时间同步装置的功能、性能基本和"四统一"时间同步装置的功能、性能一致，但在装置分类、外观及结构等方面没有统一，本节主要介绍各主流二次厂商非"四统一"时间同步装置的型号分类、结构、插件功能等几方面的内容。

一、成都府河 FH-1000 时间同步装置

（一）FH-1000 时间同步装置特点

FH-1000 时钟是成都府河电力自动化成套设备有限责任公司自主研发的主要应用于电力系统的时钟装置，其主要技术特点有：

（1）采用 FPGA 嵌入式系统架构。

（2）"北斗+GPS"多同步源自适应同步。采用多同步源自适应同步技术，可同时接收 GPS、北斗卫星导航系统、IRIG-B 码和网络报文，并按时间同步系统相关标准定义的优先级自适应选择外部时间基准信号作同步源，并无延时地自动进行同步源切换，无需人工干预。

（3）复现"UTC 时间基准"。采用现代闭环控制守时理论和数字锁相原理，利用外部时间基准对铷钟或 OCXO 进行控制和智能驯服。使得系统输出的 1PPS 信号具有很高准确度和稳定度，时间准确度优于 ±0.2μs，真正复现了"UTC 时间基准"。

（4）高精度自守时。采用先进的时间频率测控技术与智能算法，采用铷钟或 OCXO 进行控制来实现高精度的自守时，使装置守时准确度优于 7×10^{-9}（0.42μS/min），即在外部时间基准异常的情况下，自守时误差小于 1μs/h，远高于 55μs/h 的标准要求。

（5）采用模块化结构设计，多种接口输出，系统功能扩展和容量扩充灵活、方便。FH–1000 时间同步系统可任意扩展输出 IRIG–B 码，时、分、秒脉冲（空接点、有源）、时间报文信息、NTP/SNTP 及 PTP 报文。

（6）支持 NTP/SNTP/PTP 网络时间协议。提供物理上完全独立的高速以太网接口，支持多个独立网段的 NTP 对时。采用专门设计的硬件同步电路，并利用动态计时网络补偿算法，NTP/SNTP 时间同步准确度优于 5μs，远高于标准要求的 10ms。采用硬件时标技术和高速的时间补偿算法，使得 PTP 时间同步准确度优于 1μs。

（7）具备输入传输延迟补偿功能。可灵活实现输出信号 1s 以内的超前或者滞后的任意延时补偿，最小分辨率为 20ns，自动补偿由于信号长距离传输引起的误差。

（8）友好的人机交互。LCD 显示日期、时间及同步源状态信息，当外部时间基准信号为 GPS/北斗卫星定时信号时，还显示锁定的卫星数。

（9）支持光纤或同轴电缆级联输入和输出，可以灵活构建基本式、主从式、主备式等多种时间同步系统，输出信号路数根据现场需要可随意扩展。

（10）信号接收可靠性高，不受使用场所地域条件的限制。

（11）支持双电源热备用，所有信号输出口均经过光电隔离，电磁抗干扰达到Ⅳ级标准。

（12）有监视本装置运行状态的告警接点输出，包括电源消失告警和外同步信号消失告警等。

（二）FH–1000 时间同步装置机械结构

FH–1000 时间同步系统的主时钟装置和信号扩展装置都采用了模块化设计，由 CPU 模块、电源模块、输出模块等组成。主时钟装置和扩展时钟装置的机构框图基本一致，区别在于扩展时钟不需要 GPS/北斗接收机。装置的整体结构框图如图 3–5 所示。

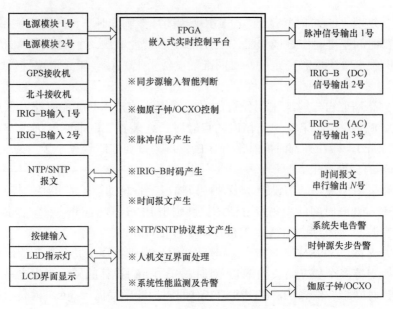

图 3-5 装置整体结构框图

FH-1000 时间同步装置采用标准 19 英寸宽，3U 高机箱。装置硬件采用模块化、标准化、插件式结构，其正视图及后视图如图 3-6 和图 3-7 所示。

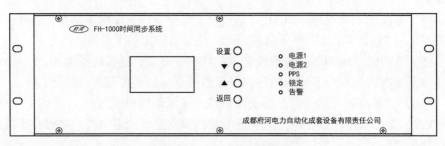

图 3-6 FH-1000 正视图

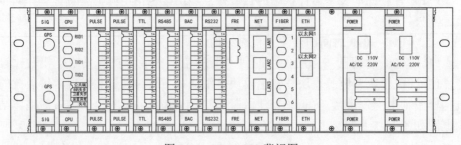

图 3-7 FH-1000 背视图

（三）FH-1000时间同步装置功能插件

FH-1000时间同步装置的板卡有电源板、CPU板、SIG板和信号输出板。主时钟和扩展时钟配置的板卡基本一致，唯一区别是扩展时钟装置不需要配置SIG板。信号输出板的接口类型包括TTL接口、RS 485接口、RS 232接口、光纤接口、静态空节点接口和网络接口等，每一种接口类型的信号输出板可在机箱允许范围内任意组合。

（1）电源板。FH-1000时间同步装置电源板插件采用双电源冗余备份方式（即一个机箱可同时插入两块电源板），提高了电源可靠性；电源输入范围宽且交、直流通用，电源输入范围为110～220V AC/DC。

（2）CPU板。CPU板是FH-1000时间同步装置的核心板卡，其主要功能是时间同步源信号处理、逻辑判断、人机对话、对时信号输出及告警信号输出等。可处理的时间同步源信号包括GPS信号、北斗信号及满足IEEE STD 1344-1995的IRIG-B（DC）信号、输出4路告警信号、2路IRIG-B（DC）信号。

（3）SIG板。SIG板是FH-1000时间同步装置的卫星时间同步源信号的接收板卡，通过天线接收模块将卫星时间同步信号转换成串口信号供CPU板使用。

（4）信号输出板。FH-1000时间同步装置信号输出板的类型有：

1）空接点接口输出插件。输出8路空接点脉冲对时信号。

2）RS 485接口输出插件。输出8路RS 485接口IRIG-B（DC）对时信号。

3）RS 232接口输出插件。输出8路RS 232接口串口报文对时信号。

4）TTL接口输出插件。输出8路TTL电平IRIG-B（DC）对时信号。

5）光纤接口输出插件。输出6路光纤接口IRIG-B对时信号。

6）IRIG-B（AC）输出插件。输出8路IRIG-B（AC）对时信号。

7）NTP/SNTP网络接口输出插件。输出3路RJ45接口网络对时信号。

空接点接口输出插件、RS 485接口输出插件、RS 232接口输出插件、TTL接口输出插件和光纤输出插件均有输出信号选配的功能。每张插件均以2路为1组，以组为单位通过跳线选择输出信号的种类，可选的输出信号有1PPS、1PPM、1PPH、IRIG-B（DC）、串行口报文。信号输出板端子信号定义示意见表3-16。

表3-16　　　　　　　　　　信号输出板端子定义

端子编号	端子定义	信号
1	1+	第一路
2	1-	
3	2+	第二路
4	2-	

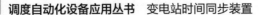

续表

端子编号	端子定义	信号
5	3+	第三路
6	3−	
7	4+	第四路
8	4−	
9	5+	第五路
10	5−	
11	6+	第六路
12	6−	
13	7+	第七路
14	7−	
15	8+	第八路
16	8−	

（四）FH-1000 时间同步装置指示灯说明

FH-1000 时间同步装置共有 5 个指示灯，如图 3-8 所示。每个指示灯对应的状态定义见表 3-17。

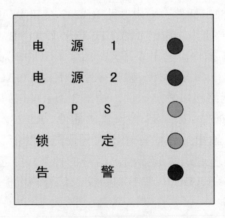

图 3-8 面板指示灯

表 3-17　　　　　　　　　面 板 指 示 灯 含 义

功能	说明
电源 1 指示灯	电源指示灯（红色）：当装置电源 1 正常时，灯亮
电源 2 指示灯	电源指示灯（红色）：当装置电源 2 正常时，灯亮
PPS 指示灯	PPS 指示灯（绿色）：当系统有输出时，PPS 指示灯闪烁

续表

功能	说明
锁定指示灯	系统锁定指示灯（绿色）：当系统跟踪到当前外部时间基准源时，锁定灯亮
告警指示灯	告警指示灯（红色）：外部时间基准信号锁定时，告警指示灯灭；当外部时间基准信号丢失或无效时，告警指示灯亮

（五）FH-1000 时间同步装置液晶显示说明

FH-1000 时间同步装置液晶显示屏显示的信息包括当前日期、北京时间、同步源（GPS/CPS/IRIG-B1/IRIG-B2）。外部时间基准信号为 GPS/CPS，将显示锁定的卫星数/可见的卫星数；外部时间同步信号正常且锁定，其对应信号前面才会出现"*"。液晶面板显示内容如图 3-9 所示。

```
日期：    年 - 月 - 日
时间：    时 ：分 ：秒
* GPS 06/12      * B1
* CPS 03/03      * B2
```

图 3-9　液晶面板显示内容

（六）FH-1000 时间同步装置按键及操作

FH-1000 时间同步装置前面板有四个按键，其定义及功能见表 3-18。

表 3-18　　　　　　　　装 置 按 键 功 能 定 义

序号	按键名称	按键印字	按键功能
1	设置	设置	选择或确认
2	向下键	▼	光标往下移动或减少
3	向上键	▲	光标往上移动或增加
4	返回	返回	退出或返回

（七）FH-1000 时间同步装置配置说明

FH-1000 时间同步装置在正常显示界面按设置键进入装置菜单，装置菜单结构如图 3-10 所示。

参数修改操作：按设置键进入菜单，通过向上键或向下键移动到需要修改的选项，再按设置键进入编辑状态，通过向上键或向下键改变设置值，再按设置键确认修改，最后通过返回键回到运行界面。

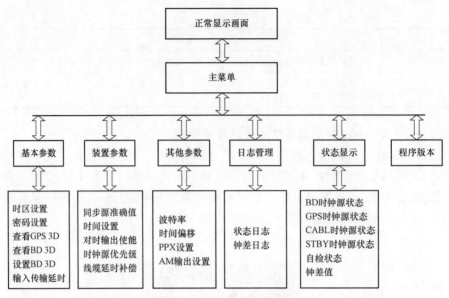

图 3-10　装置菜单内容

1. 基本参数

基本参数设置子菜单包括时区设置、密码设置、查看 GPS 3D、查看 BD 3D、设置 BD 3D、输入传输延时。

（1）时区设置。设置时区，即当前位置时区，一般默认设置为东 8 区，如图 3-11 所示。

本地时区
UTC + 08 hour

图 3-11　时区设置

（2）密码设置。设置新的登录密码，如图 3-12 所示。

请输入密码
000000

图 3-12　时区设置

（3）查看 GPS 3D。在 GPS 天线信号正确接收后，进入查看 GPS 3D 菜单，查看本机 GPS 模块收到的本地纬度、经度、高度值，可以作为设置北斗一代模块的纬度、经度、高度值参考，如图 3-13 所示。

<table>
<tr><td>纬度
N 003 , 037 .670</td><td>经度
E 010 , 402 .670</td><td>高度
+ 000 , 512 .600</td></tr>
</table>

图 3-13　查看 GPS 3D

（4）查看 BD 3D。在北斗天线信号正确接收后，进入查看 BD 3D 菜单，查看本机北斗模块收到的本地纬度、经度、高度值，显示界面参考图 3-13。

（5）设置 BD 3D。因北斗一代模块通过固定位置来定位授时，输出的 1PPS 精度值才能达到小于 1μs 要求，使用北斗二代模块的装置不需要设置该参数。通过此菜单可以设置北斗一代模块的纬度、经度、高度值，设置界面参考图 3-13。

（6）输入传输延时。设置装置输出信号的延迟补偿，此设置项对所有输出信号有效。+值为滞后，-值为提前，最大的补偿值为 999,999,980ns，如图 3-14 所示。

输入传输延时
+ 000 , 000 , 300ns

图 3-14　输入传输延时

2. 装置参数

装置参数设置子菜单包括同步源准确值、时间设置、对时输出使能、时钟源优先级和线缆延时补偿。

（1）同步源准确值。设置时钟同步源准确值，默认设置为 0，如图 3-15 所示。

同步源准确值
0,000,000,000,000ns

图 3-15　同步源准确值

（2）时间设置。时间设置用于无外部时钟源输入又需要测试装置时间信号输出功能时，设置装置输出时间信号的时间，如图3-16所示。

> 日期：2014-06-09
> 时间： 08：01：02

图3-16 时间设置

（3）对时输出使能。对时输出使能正常运行默认设置为 OFF。在调试时无外部时钟源信号输入或需要输出特定时间时设置为ON，通过内部产生时间信号并对外输出，输出的时间信号即为"时间设置"菜单中设置的时间。如图3-17所示。

> 对时输出使能
> OFF

图3-17′ 对时输出使能

（4）时钟源优先级。各时钟源优先级用 1-4 数值表示，数值 1 最高，4 最低。修改时钟源优先级仅能选择四种信号源的一种修改，其余信号在按默认优先等级自动排列，因此可以设置的等级有四种，分别为 GPS＞BD＞B1＞B2、BD＞GPS＞B1＞B2、B1＞GPS＞BD＞B2、B2＞GPS＞BD＞B1，如图3-18所示。

> GPS BD B1 B2
> 1 2 3 4

图3-18 时间源优先级

（5）线缆延迟补偿。通过测试使用各种源时输出信号精度情况设置各种源的延时补偿值，保证输出信号精度在 1μs 范围内，一般在扩展时钟距离主时钟较远时才需要设置。如现场无测试仪，也可根据 B1 源和 B2 源的线缆长度（参考线缆长度 30m，补偿 100ns），设置 B1 源和 B2 源延时补偿值。线缆延迟补偿默认值为 0，最大的补偿值是 999，999，980ns。如图3-19所示。

GPS源延时补偿 -000,000,000ns	BD源延时补偿 -000,000,000ns	B1源延时补偿 -000,000,000ns
B2源延时补偿 -000,000,000ns	PTP1源延时补偿 -000,000,000ns	PTP2源延时补偿 -000,000,000ns

图 3-19 电缆延迟补偿

3. 其他参数

其他参数设置子菜单包括波特率、时间偏移、PPX设置和 AM 输出设置。

（1）波特率。设置装置串口输出的波特率。可以选择的波特率有 1200、2400、4800、9600 和 19200，如图 3-20 所示。

波特率

9600 bit/s

图 3-20 波特率

（2）时间偏移。设置 0.5h 时区偏移，默认为 OFF。OFF 为不增加，ON 为时间偏移值额外增加 0.5h，如图 3-21 所示。

时间偏移

OFF

图 3-21 时间偏移

（3）PPX 设置。设置装置 PPX 输出为 PPS、PPM 或 PPH，默认输出为 PPS，如图 3-22 所示。

PPX输出类型

PPS

图 3-22 PPX 输出设置

（4）AM 输出设置。设置装置 IRIG-B（AC）信号输出的调制比。可以选择的调制比有 1:2、1:3、1:4、1:5 和 1:6，如图 3-23 所示。

```
AM输出设置
  1：3
```

图 3-23　AM 输出设置

4. 日志管理

日志管理子菜单包括状态日志和钟差日志。

（1）状态日志。状态日志中可查看装置工作状态变化日志，如图 3-24 所示。

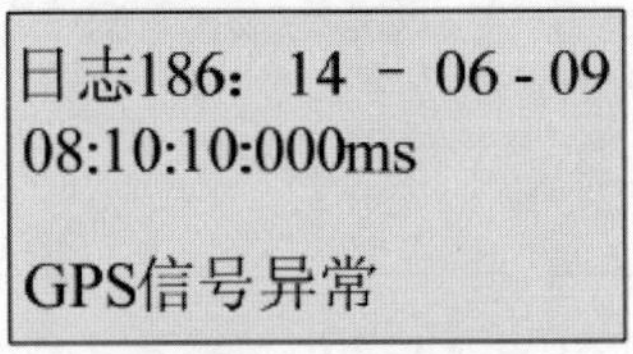

```
日志186：14 - 06 - 09
08:10:10:000ms

GPS信号异常
```

图 3-24　状态日志

（2）钟差日志。钟差日志中可查看各时钟源与基准时钟源的钟差记录，如图 3-25 所示。

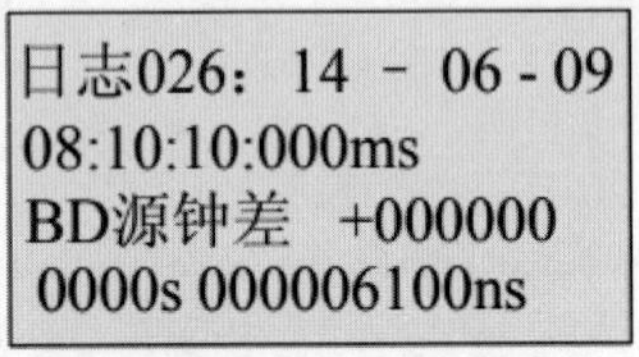

```
日志026：14 - 06 - 09
08:10:10:000ms
BD源钟差　+000000
0000s 000006100ns
```

图 3-25　钟差日志

5. 状态显示

状态显示子菜单包括 BD 时钟源状态、GPS 时钟源状态、CABL 时钟源状态、STBY 时钟源状态、自检状态和钟差值。

（1）BD 时钟源状态。显示 BD 时钟源当前的各种状态，包括是否同步、信号状态是否正常、天线状态是否正常、接收模块是否正常及时间跳变侦测是否正常，如图 3-26 所示。

```
BD时钟源      同步
BD信号状态    正常
BD天线状态    正常
BD接收模块    正常
```

图 3-26　BD 时钟源状态

（2）GPS 时钟源状态。显示 GPS 时钟源当前的各种状态，包括是否同步、信号状态是否正常、天线状态是否正常、接收模块是否正常及时间跳变侦测是否正常，如图 3-27 所示。

```
GPS时钟源      同步
GPS信号状态    正常
GPS天线状态    正常
GPS接收模块    正常
```

图 3-27　GPS 时钟源状态

（3）CABL 时钟源状态。显示 CABL 时钟源（B1）当前的各种状态，包括是否同步、信号状态是否正常及时间跳变侦测是否正常，如图 3-28 所示。

```
CA时钟源       同步
CA源信号状态   正常
时间跳变侦测   正常
```

图 3-28　CABL 时钟源状态

（4）STBY 时钟源状态。显示 STBY 时钟源（B2）当前的各种状态，包括是否同步、信号状态是否正常以及时间跳变侦测是否正常，如图 3-29 所示。

```
ST时钟源       同步
ST源信号状态   正常
时间跳变侦测   正常
```

图 3-29　STBY 时钟源状态

（5）自检状态。显示装置当前自检状态，如晶振顺服状态、初始化状态和电源模块状态等，如图3−30所示。

```
晶振顺服状态   正常
初始化状态     正常
P1电源模块    正常
P2电源模块    正常
```

图3−30　自检状态

（6）钟差值。显示各时钟源与基准时间的偏差，如图3−31所示。

```
BD源钟差 +000000    CA源钟差 +000000
0000s 000006100ns   0000s 000000000ns
GPS源钟差 +000000   ST源钟差 +000000
0000s 000000000ns   0000s 000000000ns
```

图3−31　钟差值

6. 程序版本

用户可以查看当前装置的版本号、校验码、版本日期等，如图3−32所示。

```
       FH1000
版本号: 2.60
校验码: A5D8
2014-06-09 10: 28
```

图3−32　装置版本

7. NTP/SNTP 网络接口输出插件 IP 地址设置

FH−1000时钟同步装置的NTP/SNTP网络接口输出插件IP地址设置不能通过装置界面直接设置，需要使用专用工具软件通过电脑连接板卡进行修改，因此在修改前请联系成都府河公司售后服务部门获取专用工具软件。

（1）将 PC 机 IP 地址设置为 192.168.1.118。

（2）运行专用工具软件，其界面如图3−33所示。选择"文件"菜单里"设置地址"。

（3）在弹出的设置地址对话框中输入点对点地址和本机地址然后确定。点对点地址为需要修改 IP 的网络对时板网口的 IP 地址，NTP 对时板卡网口的默认 IP 地址是 192.168.1.10/12；本机地址为第一步中设置的 IP 地址。如图 3-34 所示。

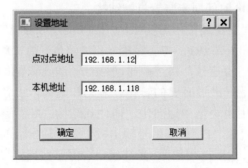

图 3-33　专用工具运行界面

图 3-34　设置地址

（4）将需要修改的 IP 地址、网关和掩码依次填入重置主机 IP 地址、网关和子网掩码三个输入框中，然后确定即完成相应网口 IP 地址修改，如图 3-35 所示。修改后的 IP 地址应通过标签标示，以防遗忘影响后续维护工作。

| 重置主机IP地址 | 192.168.1.10 | 网关 | 192.168.1.1 | 子网掩码 | 255.255.255.0 |
| 优先级1 | 1 | 优先级2 | 4 | | |

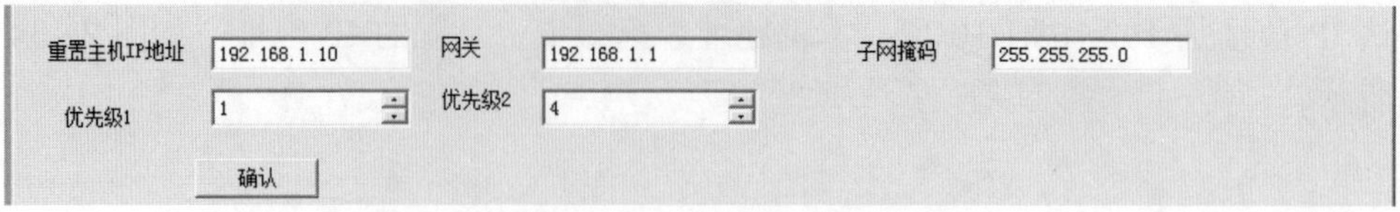

确认

图3-35　修改 IP 地址

（5）通过 PING 命令或其他网络测试工具测试修改的 IP 地址是否成功。

二、山大电力系列时间同步装置

（一）SDL-6008 时间同步装置特点

SDL-6008 时间同步装置是山东山大电力技术有限公司自主研发的主要应用于电力系统的时钟装置，其主要技术特点有：

（1）时间精度高，取得同步后精度达 100ns，稳定度优于 40ns。

（2）单机多星，可同时接收 GPS 与北斗卫星信号与两路 IRIG-B 码。

（3）既可配置为主时钟，也可配置为从时钟（扩展装置）。

（4）对 IRIG-B 输入信号的传输延迟可进行手动或自动的时间补偿。

（5）双电源冗余备份，交直流通用。

（6）完备的报警信号输出。

（7）装置的所有信号输出均经输出隔离，抗干扰能力强。

（8）具有多种电气类型，并可键盘设置信号编码格式，可以适应各种不同设备。

（9）模块化结构设计，各个模块可灵活组合，以满足用户不同的需求。

（10）液晶面板，键盘控制，另有 9 个 LED 发光管指示工作状态。

（二）SDL-6008 时间同步装置机械结构

SDL-6008 时间同步装置为高度 4U 宽度 19 英寸标准机箱，可同时接收 GPS/北斗卫星同步信号和外部 IRIG-B（多模光口）信号，由管理模块进行判断和处理，选取有效时间同步信号，将正确时间信号输送到装置总线上去，各个模块从总线上获取信号后，经过必要的转化、驱动和隔离，以各种形式的时间信号输出。装置硬件采用模块化、标准化、插件式结构。装置通常配置的板卡有电源板、管理板、告警板、PC 板和信号输出板。信号输出板的接口类型包括 TTL接口、RS 485 接口、RS 232 接口、光纤接口、静态空接点接口和网络接口等，每一种接口类型的信号输出板可在机箱允许范围内任意组合。

SDL-6008 的原理框图如图 3-36 所示。

SDL-6008 时间同步装置结构图如图 3-37 所示。

SDL-6008 时间同步装置前面板如图 3-38 所示。

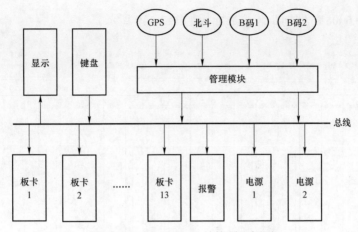

图 3-36 SDL-6008 结构原理框图

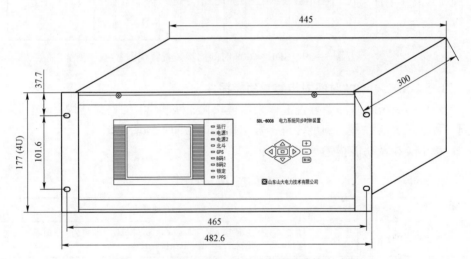

图 3-37 SDL-6008 时间同步装置结构尺寸图

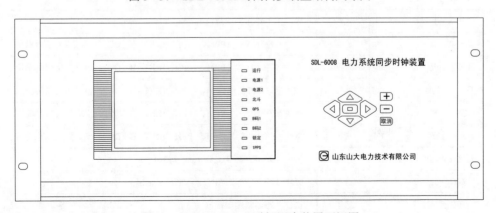

图 3-38 SDL-6008 时间同步装置正视图

SDL-6008 时间同步装置后面板如图 3-39 所示。

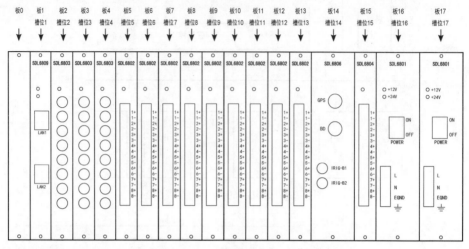

图 3-39　SDL-6008 时间同步装置背视图

（三）SDL-6008 时间同步装置功能插件

SDL-6008 时间同步装置板卡采用模块化、标准化、插件式结构，可根据不同工程需求灵活配置，满足传统、数字化变电站的不同需求。

板卡类型及功能描述见表 3-19。

表 3-19　　　　　　　　　　装　置　插　件

板卡类型	板卡数量	标配/选配	功能描述
管理板	1	标配	2 路光纤 B 码输入，可拆卸 GPS/北斗模块（装置为从钟时不需要对时模块）插接 GPS 和北斗卫星接收天线
电源板	1~2	标配	电源板 2 张为冗余配置，电源输入范围为 110~220V AC/DC
报警板	1	选配	可输出 8 路报警信号
RS 485 板		选配	提供 8 路 1PPS、1PPM、1PPH、IRIG-B（DC）、串口报文信号输出
RS 232 板		选配	提供 8 路 1PPS、1PPM、1PPH、IRIG-B（DC）、串口报文信号输出
TTL 信号板		选配	提供 8 路 1PPS、1PPM、1PPH、IRIG-B（DC）、串口报文信号输出
空接点板	所有输出插件总计最多选配 13 张	选配	提供 8 路 1PPS、1PPM、1PPH、IRIG-B（DC）、串口报文信号输出
光信号板		选配	提供 8 路 1PPS、1PPM、1PPH、IRIG-B（DC）、串口报文信号输出
交流 B 码板		选配	提供 8 路 IRIG-B（AC）信号输出
NTP 板		选配	提供 2 路 PTP/NTP/SNTP 网络信号输出
PC 板		选配	提供 4 路通信输出接口

每台装置共有 17 个槽位，最多插接 17 个板卡，编号为槽位 1～槽位 17。

每台装置共有 18 个后面板，装置最左侧后面板（板 0）没有槽位，不插接电路板。板 1～板 17 后面板编号和槽位编号相同。

每台装置有 4 个槽位（14、15、16、17）需要插入固定板卡：槽位 14 为管理板的安装位置；槽位 15 为报警板的安装位置；槽位 16 和 17 为电源板的安装位置。

槽位 1 到槽位 13 为选配板卡位置，按照技术协议或订货合同的要求，配置用户所需要的输出信号板卡。

输出信号板卡包括空接点板、232 板、AC 板、485 板、TTL 板、NTP 板、PTP 板、光口板等。可任意配置在槽位 1 到槽位 13，不用的地方安装空面板。

为防止板卡的错插，底板上标注了槽位序号，为槽位 1 到槽位 17，在装置拔掉电路板板卡时可以看到。

SDL-6008 时间同步装置版卡槽如图 3-40 所示。

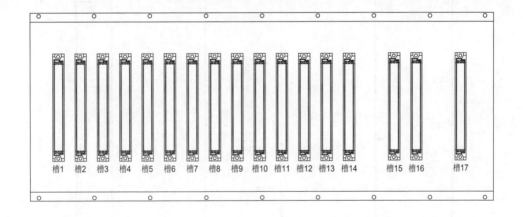

图 3-40　装置的底板电路板外观示意图

不同的插件因功能不同，接口类型和接口数量也不尽相同，各功能插件详细介绍如下。

1. 管理板

管理板为必配板卡，内有装置 CPU 等核心固件，为装置主程序所在地，是最重要的板卡之一，安装在槽位 14。

板卡可接收上下两路 IRIG-B 码（多模光信号），并插接 GPS 和北斗卫星接收天线。

管理板示意图如图 3-41 所示。

2. 电源板

输入电压为 DC 220V，交直流通用。可根据用户需求定制为 DC 110V 或 DC 48V。

电源板可根据实际情况，选择配置单路或者双路冗余备份电源。如配置单路电源，电源板既可放置在槽位 16，也可放置在槽位 17。

电源板示意图如图 3-42 所示。

3. 报警板

报警板可选配，位置在槽位 15。

可输出 8 路报警信号，由上到下分别为电源 1 失电报警（槽位 16）、电源 2 失电报警（槽位 17）、运行异常报警、北斗失步报警、GPS 失步报警、B 码 1 失步报警、B 码 2 失步报警，以及 1 路备用。

继电器隔离输出。

报警板示意图如图 3-43 所示。

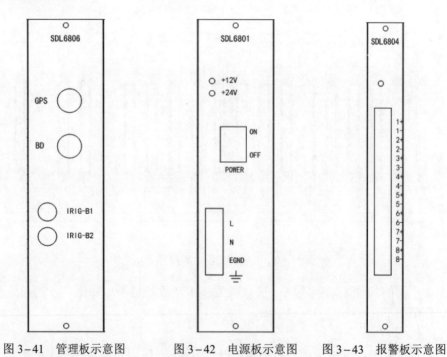

图 3-41　管理板示意图　　图 3-42　电源板示意图　　图 3-43　报警板示意图

4. 空接点板

可输出 8 路。光电隔离，集电极开路。可通过液晶键盘操作设置为 1PPH、1PPM、1PPS 空接点信号输出。

准确度优于 1μs。

空接点板示意图如图 3-44 所示。

5. TTL 信号板

光耦隔离,输出 TTL 信号。可通过液晶键盘操作设置为 1PPH、1PPM、1PPS、IRIG-B 码和串口报文信号输出。

串口报文输出准确度优于 1ms。

其余信号准确度优于 1μs。

TTL 信号板示意图如图 3-45 所示。

6. 485 信号板

光耦隔离,输出差分 RS 422/485 信号。可通过液晶键盘操作设置为 1PPH、1PPM、1PPS、IRIG-B 码和串口报文信号输出。

串口报文输出准确度优于 1ms。

其余信号准确度优于 1μs。

485 信号板示意图如图 3-46 所示。

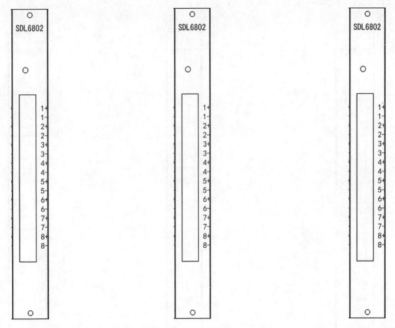

图 3-44 空接点板示意图　　图 3-45 TTL 信号板示意图　　图 3-46 485 信号板示意图

7. 232 信号板

光耦隔离,输出 RS 232 信号。可通过液晶键盘操作设置为 1PPH、1PPM、1PPS、IRIG-B 码和串口报文信号输出。

串口报文输出准确度优于 1ms。

其余信号准确度优于 1μs。

232 信号板示意图如图 3-47 所示。

8. AC 板

1:1 变压器隔离，输出交流调制的 IRIG-B 码信号，输出阻抗 600Ω。

可通过液晶键盘操作设置调制比为 1:2、1:3、1:4、1:5、1:6；设置输出电压为 3～12V。

默认调制比为 1:3，默认输出电压为 10V。

准确度优于 10μs。

AC 板示意图如图 3-48 所示。

9. NTP 板

作为网络时间服务器，RJ45 物理接口，支持 SNTP/NTP 协议，端口号为 123。可通过液晶键盘操作来修改 IP 地址。

准确度优于 1ms。

NTP 板示意图如图 3-49 所示。

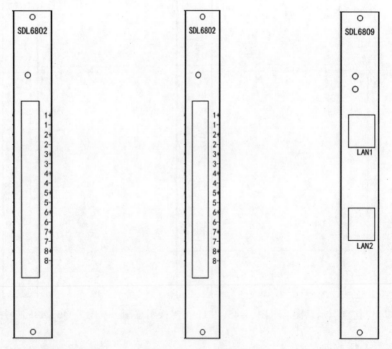

图 3-47　232 信号板示意图　　图 3-48　AC 板示意图　　图 3-49　NTP 板示意图

10. 光口板

SDL-6008 可插入 8 路多模 ST 光口板。可通过液晶键盘操作设置为 1PPH、

1PPM、1PPS、IRIG-B 码和串口报文信号输出。

串口报文输出准确度优于 1ms。

其余信号准确度优于 1μs。

光口板示意图如图 3-50 所示。

（四）SDL-6008 时间同步装置指示灯说明

SDL-6008 时间同步装置前面板共有 9 个指示灯，分别是运行、电源 1、电源 2、北斗、GPS、B 码 1、B 码 2、锁定和 1PPS。

指示灯如图 3-51 所示。

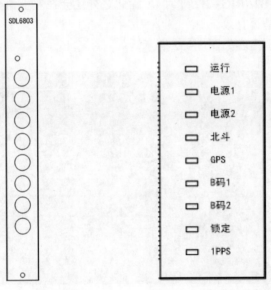

图 3-50　光口板示意图　　　　图 3-51　指示灯示意图

9 个指示灯的指示方式和定义见表 3-20。

表 3-20　　　　　　　　　　　面 板 指 示 灯 含 义

指示灯	说明
运行指示灯	装置正常运行时，常亮；程序异常，灯灭
电源 1 指示灯	装置的槽位 16 上的电源上电正常，灯亮；电源失电，灯灭
电源 2 指示灯	装置的槽位 17 上的电源上电正常，灯亮；电源失电，灯灭
北斗指示灯	装置收到正确的北斗卫星信号并成功跟踪，灯亮，否则灯灭
GPS 指示灯	装置收到正确的 GPS 卫星信号并成功跟踪，灯亮，否则灯灭
B 码 1 指示灯	装置的 IRIG-B 码接收通道 1 收到正确信号，灯亮，否则灯灭
B 码 2 指示灯	装置的 IRIG-B 码接收通道 2 收到正确信号，灯亮，否则灯灭

续表

指示灯	说明
锁定指示灯	上电一定时间后，装置内部振荡器的频率稳定，装置具备守时能力，灯亮
1PPS 指示灯	装置在内部振荡器锁定后，如果同步到时间基准或者进行守时的时候，灯以 1Hz 的频率闪亮，此时，装置开始向外输出有效的时间同步信号。可用该灯来作为依据，来判断装置是否向外输出时间同步信号

（五）SDL-6008 时间同步装置液晶显示屏说明

液晶显示屏显示的信息包括当前日期、北京时间、当前基准（GPS/CPS/IRIG-B1/IRIG-B2/守时）。除此之外还会在左上角显示主机、从机，在下方显示时间是否有效。

液晶面板显示内容如图 3-52 所示。

图 3-52　液晶面板显示内容

（六）SDL-6008 时间同步装置按键说明

SDL-6008 时间同步装置一共有 8 个按键分布在装置的前面板上，可通过操作这些按键完成时间同步装置的设置与查看。

按键示意图如图 3-53 所示。

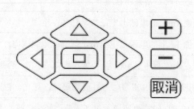

图 3-53　按键示意图

每一个按键的作用为：

△：上移动。此键用于向上移动光标。

▽：下移动。此键用于向下移动光标。

◁：左移动。此键用于光标的左移。

▷：右移动。此键用于光标的右移。

□：确认键。此键用于对数据的修改以及选择的确认。

＋：加1键。此键对数据加1。

－：减1键。此键对数据减1。

取消：取消键。用作界面的返回。

（七）SDL-6008 时间同步装置操作说明

（1）主显界面。装置初始化后，显示界面如图3-54所示。

图 3-54　主显界面示意图

主界面显示如下信息：

1）在界面的左上角，显示装置的主从配置，共有主机、从机两个状态。

2）在界面的右上角，显示装置当前所采用的基准时间源，共有"GPS""北斗""B码1""B码2""从机"等五种状态。

3）在界面的中心位置，显示当前的北京时间（UTC+8 小时），格式为"时：分：秒"。

4）在界面的左下方，显示当前的日期。

5）在界面的右下方，显示当前时间的有效性，共有"时间有效"、"时间无效"两种状态。仅在"时间有效"的状态下，装置向外发送时间同步信号。

（2）在主界面下，按确认键，进入二级菜单，如图3-55所示。

图 3-55　二级菜单示意图

（3）在二级菜单中，通过方向键选中"基准设置"，按"确定"键进入，如图 3-56 所示。

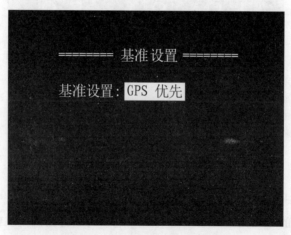

图 3-56　基准设置示意图

在"基准设置"界面下，可查看和设置装置的基准选择模式，共有 GPS 优先、北斗优先、GPS 强制、北斗强制、从机五种状态。

通过方向键选择要修改的项目，通过"+""-"键更改项目数值，按"确认"键弹出保存提示，再按"确认"键保存，"取消"键退出。

（4）在二级菜单中，通过方向键选中"时延设置"，按"确认"键进入，如图 3-57 所示。

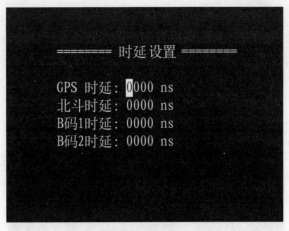

图 3-57 时延设置示意图

在"时延设置"界面下，可以查看装置的各个时间基准来源的硬件通道延迟补偿值，按"取消"键退出。

（5）在二级菜单中，通过方向键选中"板卡设置"，按"确认"键进入，如图 3-58 所示。

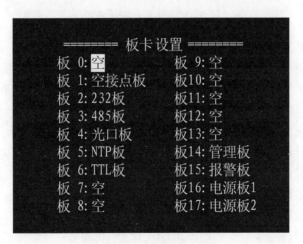

图 3-58 板卡设置示意图

在"板卡设置"界面下，可以查看装置的各个槽位上的板卡类型。

通过方向键选择要查看的板卡，按"确认"键进入。通过"＋""－"键盘更改数值，按"确认"键弹出保存提示，再按"确认"键保存，"取消"键退出。

空接点板包括 1PPS、1PPM、1PPH 三种格式。

232 板、485 板、TTL 板、光口板等包括 1PPS、1PPM、1PPH、串口、B 码五种格式，在用作串口时，可设置波特率。

AC 板包括调制比、幅值等参数的设定。

NTP 板可进行 IP、子网掩码、网关等网络参数的设定。

PTP 板可进行 MAC 地址和其他 PTP 协议相关参数的设定。

（6）在二级菜单中，通过方向键选中"运行状态"，按"确认"键进入，如图 3-59 所示。

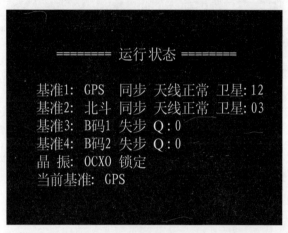

图 3-59　运行状态示意图

在"运行状态"界面下，可以查看装置 4 个基准（GPS、北斗、B 码 1、B 码 2）的同步状态、GPS 和北斗天线的连接是否正常、GPS 和北斗的卫星跟踪数目。

外部输入的 IRIG-B 码的时间质量值（Q 值），Q 值为 0 时质量最优，数值越大质量越低，具体含义如下描述：

0x00——正常工作状态，时钟同步正常；

0x01——时钟同步异常，时间准确度优于 1ns；

0x02——时钟同步异常，时间准确度优于 10ns；

0x03——时钟同步异常，时间准确度优于 100ns；

0x04——时钟同步异常，时间准确度优于 1μs；

0x05——时钟同步异常，时间准确度优于 10μs；

0x06——时钟同步异常，时间准确度优于 100μs；

0x07——时钟同步异常，时间准确度优于 1ms；

0x08——时钟同步异常，时间准确度优于 10ms；

0x09——时钟同步异常，时间准确度优于 100ms；

0x0A——时钟同步异常，时间准确度优于 1s；

0x0B——时钟同步异常，时间准确度优于 10s；

0x0F——时钟严重故障，时间信息不可信赖。

装置的内部振荡源为 OCXO 还是铷钟，以及锁定情况。在锁定状态下，振荡源运行稳定，否则，内部振荡源的频率不可信。

显示了当前基准源。共有 6 个状态：在刚上电没有取得同步的状态下，为"无基准"；在同步到外部时间基准源的时候，为当前所用的时间基准，为"GPS""北斗""B 码 1""B 码 2"；在取得同步后又失去外部时间基准时，为"守时"，即依靠内部振荡器，保持正确时间。

（7）在二级菜单中，通过方向键选中"装置信息"，按"确认"键进入，如图 3-60 所示。

图 3-60　装置信息示意图

在"装置信息"界面下，可以查看管理板上 FPGA 的程序版本号、管理板上 ARM 的程序版本号、装置的出厂编号。

（8）在二级菜单中，通过方向键选中"位置状态"，按"确认"键进入，如图 3-61 所示。

图 3-61　位置状态示意图

在"位置状态"界面下，可以查看 GPS 和北斗的经度、纬度、高度等信息，以及北斗经纬度的输入模式，共有 GPS 校准、手动校准两种模式。

（9）在二级菜单中，通过方向键选中"密码设置"，按"确认"键进入，如图 3-62 所示。

图 3-62　密码设置示意图

在"密码设置"界面下，先提示输入原密码，输入原密码后按"确认"键，再输入两遍新密码，根据提示按"确认"保存。该密码在用户更改基准设置和板卡设置时使用，出厂默认设置为"6008"。

三、山东科汇系列时间同步装置

（一）装置特点

T-GPS-B1A 和 T-GPS-F5A（简称 T-GPS-B1A/F5A）为山东科汇电力自动化股份有限公司按照 DL/T 1100.1—2018《电力系统的时间同步系统　第 1 部分：技术规范》生产的电力系统同步时钟，其主要技术特点有：

（1）授时精度高，达纳秒级。

（2）信号接收可靠性高，不受厂站地域条件的限制。

（3）可编程设定秒、分、时脉冲输出，方便地由各种自动化装置选用。

（4）有 IRIG-B 正弦调制输出和 IRIG-B 直流偏置输出。

（5）装置的所有信号输出均经隔离输出，抗干扰能力强。

（6）装置具有多种串行信息输出与交互方式，以满足用户不同的信号利用要求。

（7）多种输出接口，可根据用户需要设计特定的输出接口。

（8）架装式结构，"2U、19"标准机箱，安装使用方便。

（二）T-GPS-B1A/F5A 时间同步装置机械结构

T-GPS-B1A/F5A 时间同步装置为 2U 高、19 英寸宽标准机箱，B1A 为主时钟，F5A 为扩展时钟。主时钟采用"北斗＋GPS"双模授时模式，具有同步快，输出信号稳定的优点。机箱结构采用 I/O 板卡插板式结构，输出授时信号齐全，配置灵活。主时钟还可以接收两路有线基准信号，实现双主时钟冗余互备，提高时间同步系统整体同步稳定性。扩展时钟可接收两路主时钟发送的有线基准信号，同步便捷，输出稳定。主时钟和扩展时钟采用了输入时间与输出时间隔离的方法，确保输出授时信号连续和稳定；装置采用双电源输入方案，只要有一路电源正常工作就可确保装置正常运行，大大提高了装置的运行可靠性。装置前视图及后视图分别如图 3-63 和图 3-64 所示。

图 3-63　T-GPS-B1A/F5A 时间同步装置前视图

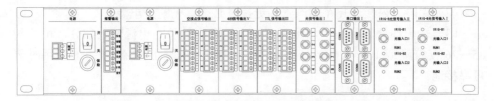

图 3-64　T-GPS-B1A/F5A 时间同步装置后视图

（三）T-GPS-B1A/F5A 时间同步装置功能插件

装置插件可根据工程需求灵活配置，满足传统、数字化变电站的不同需求。插件型号及功能描述见表 3-21。

表 3-21　　　　　　　　T-GPS-B1A/F5A 时间同步装置插件

插件型号	插件数量	标配/选配	功能描述
电源板	1～2	标配	电源板为装置提供电源，电源输入范围：110～220V AC/DC
GPS 信号输入板	1	标配	接收 GPS 信号无线基准信号。天线接口类型为 BNC 接口
北斗信号输入板	1	标配	接收北斗信号无线基准信号。天线接口类型为 BNC 接口
IRIG-B 光信号输入板	1～2	标配	接收 IRIG-B 码，接口为 ST 头多模光纤

续表

插件型号	插件数量	标配/选配	功能描述
告警输出板	1	标配	报警输出板输出 2 路报警接点信号，分别是失电报警和异常报警。报警接点为继电器输出，节点容量：220V，1A
空接点信号输出板	根据需求配置数量	选配	输出 12 路空接点信号，输出信号类型可设。接点容量：220V DC，20mA
串口输出板			输出 4 路串口报文，2 路 RS 232，2 路 RS 485。波特率 300～115 200bit/s 可设。接口类型为 DB9 头
TTL 输出板			输出 12 路 TTL 电平信号，输出信号类型可设
485 输出板			输出 12 路 485 电平信号，输出信号类型可设
光信号输出板			输出 8 路 ST 接口 820/850nm 多模光信号，输出信号类型可设
NTP/SNTP 输出板			输出 1 路 SNTP 授时信号，接口类型为 RJ45 口

不同的插件因功能不同，接口类型和接口数量也不尽相同。

1. 电源板

电源板为整台装置提供电源，功率不大于 40W。如图 3-65 所示。具体参数如下：

（1）电源开关。控制本机的开与关。

（2）保险。内装 3.15A 熔丝管。**更换时必须首先断开电源。**

（3）端子部分。标注"电源（+-）"的两个端子为电源输入部分，可接入 85～265V 交流或 100～260V 直流。标注接地符号的端子为接地端子，**使用时请可靠接地。**

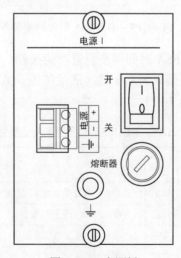

图 3-65 电源板

2. GPS 信号输入板

GPS 信号输入板为装置提供 GPS 卫星信号输入。标注"GPS 天线"的 Q9 头请接 GPS 天线。天线应安装在室外，原则上天线蘑菇头应能够看到 360°的天空，确保 GPS 卫星信号的正常接收。GPS 信号输入板如图 3-66 所示。

3. 北斗信号输入板

北斗信号输入板为装置提供北斗卫星信号输入。标注"北斗天线"的 Q9 头请接北斗天线。天线应安装在室外，原则上天线蘑菇头应能够看到 360°的天空，确保北斗卫星信号的正常接收。北斗信号输入板如图 3-67 所示。

图 3-66　GPS 信号输入板

图 3-67　北斗信号输入板

4. IRIG-B 光信号输入板

IRIG-B 光信号输入板可输入两路波长为 820/850nm 的 IRIG-B 光信号。指示灯 IRIG-B1 和 IRIG-B2 用来指示是否有信号输入，指示灯跟随输入信号进行闪烁。指示灯 RUN1 和 RUN2 用来指示输入信号是否正常，RUN1 指示第一路光信号运行是否正常；RUN2 指示第二路光信号运行是否正常。IRIG-B 光信号输入板如图 3-68 所示。

5. 告警输出板

告警输出板输出 4 路报警接点信号，由上至下依次是失电报警、异常报警、信号源 1 异常、信号源 2 异常。告警输出板如图 3-69 所示。

（1）告警接点输出方式：继电器节点。

（2）节点容量：220V，1A。

6. 空接点信号输出板

空接点信号输出板向外输出 12 路空接点信号，如图 3-70 所示。每一路都可通过印制板上的短路跳线设置为脉冲 A、B、C、D 中的一种，见表 3-22。

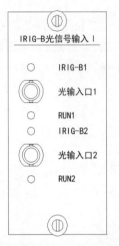

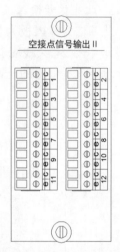

图 3-68　IRIG-B 光信号输入板　　图 3-69　告警输出板　　图 3-70　空接点信号输出板

表 3-22　　　　　　　　　　　空接点信号输出板跳线对应表

短路子位置	输出信号
A	脉冲 A
B	脉冲 B
C	脉冲 C
D	脉冲 D
DC	IRIG-B 码

跳线 8S1 至 8S12

7. 串口输出板

串口输出板向外输出 4 路串口报文信号，接口类型为 DB9。如图 3-71 所示。每路输出均可被配置为 RS 232 电平或 RS 422 电平输出。波特率可通过印制板上的拨码开关进行设置，见表 3-23。

8. TTL 输出板

TTL 输出板输出 12 路 TTL 电平信号，如图 3-72 所示。每路信号都可通过印制板上短路跳线设置为脉冲 A、B、C、脉冲 A′、B′、C′和 IRIG-B 码，见表 3-24。

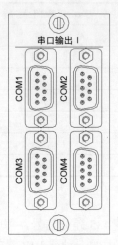

图 3-71 串口输出板

表 3-23 串口输出板拨码开关与波特率对应表

	1、2 管脚	COM1、2 波特率	3、4 管脚	COM3、4 波特率
	11	1200	11	1200
	01	2400	01	2400
拨码开关	10	4800	10	4800
	00	9600	00	9600

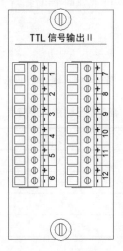

图 3-72 TTL 输出板

表 3-24 TTL 输出板跳线对应表

短路子位置	输出信号
A	脉冲 A
B	脉冲 B
C	脉冲 C
A′	脉冲 A′
B′	脉冲 B′
C′	脉冲 C′
DC	IRIG-B 码

10S1 至 10S12

9. 485 输出板

485 输出板向外输出 12 路 485 差分信号，每一路都可通过印制板上的短路跳线设置为脉冲 A、B、C、D 中的一种或 IRIG-B 码，见图 3-73 和表 3-25。

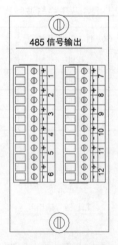

图 3-73　485 输出板

表 3-25 485 输出板跳线对应表

短路子位置	输出信号
A	脉冲 A
B	脉冲 B
C	脉冲 C
D	脉冲 D
DC	IRIG-B 码

4S1 至 4S12

10. 光信号输出板

光信号输出板输出 8 路波长为 820/850nm 的多模光信号，每路信号都可通过印制板上短路跳线设置为 IRIG−B 码、脉冲 A、B、C、D、脉冲 A′、B′、C′、D′、和 IRIG−B′信号输出。见图 3−74 和表 3−26。

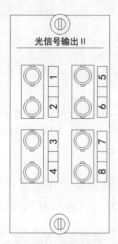

图 3−74　光信号输出板

表 3−26　　　　　　　　　　光信号输出板跳线对应表

短路子位置	输出信号	短路子位置	输出信号
DC	IRIG−B 码	DC′	IRIG−B′码
A	脉冲 A	A′	脉冲 A′
B	脉冲 B	B′	脉冲 B′
C	脉冲 C	C′	脉冲 C′
D	脉冲 D	D′	脉冲 D′

11. NTP 输出板

NTP 输出板通过 RJ45 口输出一路 NTP/SNTP 网络时间协议信号，面板上共有四个指示灯，如图 3−75 所示。每个灯代表的含义和表示方式如下：

（1）POWER。NET 板电源指示，NET 板电源正常时此灯长亮。

（2）RUN。NET 板运行指示，正常情况下此灯每秒闪烁一次。

（3）TXD。数据发送指示，当 NET 板发送数据时此灯快速闪烁。

（4）RXD。数据接受指示，当 NET 板接受数据时此灯快速闪烁。

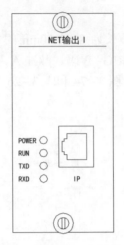

图 3-75　NTP 输出板

（四）指示灯说明

T-GPS-B1A/F5A 前面板共有 6 个指示灯，分别是电源指示、1PPS、信号源 1 异常、信号源 2 异常、信号源 3 异常和信号源 4 异常。如图 3-76 所示。

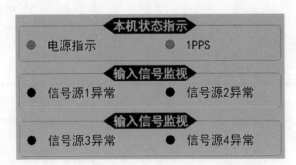

图 3-76　T-GPS-B1A/F5A 时间同步装置状态指示灯

6 个指示灯的指示方式和定义见表 3-27。

表 3-27　　　　　T-GPS-B1A/F5A 时间同步装置前面板指示灯含义

名称	说明
电源指示	当装置电源正常时，常亮（绿色）
1PPS	当装置正常工作时，每秒钟闪烁 1 次（绿色）
信号源 1 异常	当装置信号源 1（一般为北斗）正常时，熄灭；异常时，闪烁（红色）
信号源 2 异常	当装置信号源 2（一般为 IRIG-B 码）正常时，熄灭；异常时，闪烁（红色）
信号源 3 异常	当装置信号源 3（一般为 GPS）正常时，熄灭；异常时，闪烁（红色）
信号源 4 异常	当装置信号源 4（一般为 IRIG-B 码）正常时，熄灭；异常时，闪烁（红色）

（五）液晶显示说明

T-GPS-B1A/F5A 装置的显示区为 20×2 字符型液晶显示屏。显示的信息包括日期、时间、同步时间源、各时间源的状态、配置信息和日志等。装置开机初始化完成后，液晶屏将显示主界面的相关内容。装置操作过程中，若超过 2min 没有操作键盘，液晶屏将从配置或日志显示界面返回到主界面。

液晶显示的主界面里，显示的内容包括装置的当前时间、四路输入时间源的状态和装置的同步状态。液晶屏左边显示当前的时间，上一行显示内容为"时：分：秒"，下一行显示内容为"年-月-日"。"GS"为 GPS 时间源，下方的数字为当前跟踪的卫星数；"BD"为北斗时间源，下方的数字为当前跟踪的卫星数；"BC"为 IRIG-B 时间源，下方的数字为 IRIG-B 码的时间质量。"*"号在哪一路输入时间源的左侧，表示装置当前同步于哪一路时间源。液晶显示的主界面如图 3-77 所示。

图 3-77　T-GPS-B1A/F5A 时间同步装置液晶面板

（六）按键及操作说明

T-GPS-B1A/F5A 键盘区共有"项目""▶""+"和"确认"四个按键，如图 3-78 所示。

图 3-78　T-GPS-B1A/F5A 时间同步装置按键

通过这四个按键可以查看和修改装置的配置信息或是查看装置日志，具体说明如下：

（1）长时间不操作按键，液晶背光灯将关闭，按下任一按键将重新点亮液晶背光，以方便操作和查看。

（2）按住"项目"键不放，然后再按"确认"键，将进入设置状态。

（3）在设置状态下按"项目"键将进入下一个设置项，共有 9 个设置项。在项目 9 状态下按"项目"键将进入项目 10——日志查看项。在项目 10 状态下按"项目"键将会看到装置的软件版本和发布时间等信息，再次按"项目"键将返回主界面。

（4）在设置状态下，按"▶"键将在需要设置的子项目间进行切换。当前正在设置的子项目会以闪烁的方式标识，闪烁频率为 1 次/s；在设置状态下，按"＋"键将对当前的子项目进行修改；在设置状态下，按"确认"键将对当前项的各个子项目的所有修改进行保存，并对装置进行相应的设置。

（5）在日志查看项中按"▶"键将查看上一条日志；按"＋"键将查看下一条日志；按"确认"键将查看 10 条前的日志项。装置共保存 999 条日志，按"▶"键、"＋"键和"确认"键将在这 999 条日志中循环查看。

T－GPS－B1A/F5A 装置共有 9 个设置项和一个日志查询项，下面分别介绍具体说明：

（1）时间码偏差同步设置和手动同步设置项，如图 3－79 所示。

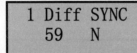

图 3－79　时间码偏差同步设置和手动同步设置项

该项用来设置同步最大偏差值和手动同步。时间码偏差 Diff 的默认值为 59，手动同步 SYNC 的默认值为"N"。当 SYNC 的值改为"Y"时按下"确认"键，装置将直接同步到当前同步的时间源，并自动恢复到"N"状态。注意，此项操作有可能会引起装置的输出时间码跳变。

（2）脉冲 A 设置项如图 3－80 所示。

```
2 Pulse A
P----1
```

图 3－80　脉冲 A 设置项

该项用来设置可编程脉冲 A 的输出类型，默认设置为"P－－－－1"，脉冲 A 的设置值和定义见表 3－28。

表 3－28　　　　　　　　T－GPS－B1A/F5A 时间同步装置脉冲设置

设置值	定义
P－－－－1	秒脉冲，每秒钟发送一个脉冲
P－－1－－	分脉冲，每分钟发送一个脉冲
P1－－－－	时脉冲，每小时发送一个脉冲
P－－－10	10 秒脉冲，每整 10s 发送一个脉冲

续表

设置值	定义
P－－－30	30 秒脉冲，每整 30s 发送一个脉冲
P－10－－	10 分脉冲，每整 10min 发送一个脉冲
P－30－－	30 分脉冲，每整 30min 发送一个脉冲
hhmmss	天脉冲，每天在设置的时间点发送一个脉冲

（3）脉冲 B 设置项如图 3－81 所示。

3 Pulse B
P----1

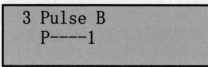

图 3－81　脉冲 B 设置项

该项用来设置可编程脉冲 B 的输出类型，设置方式与脉冲 A 类似。

（4）脉冲 C 设置项如图 3－82 所示。

4 Pulse C
P----1

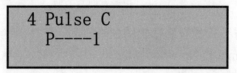

图 3－82　脉冲 C 设置项

该项用来设置可编程脉冲 C 的输出类型，设置方式与脉冲 A 类似。

（5）脉冲 D 设置项如图 3－83 所示。

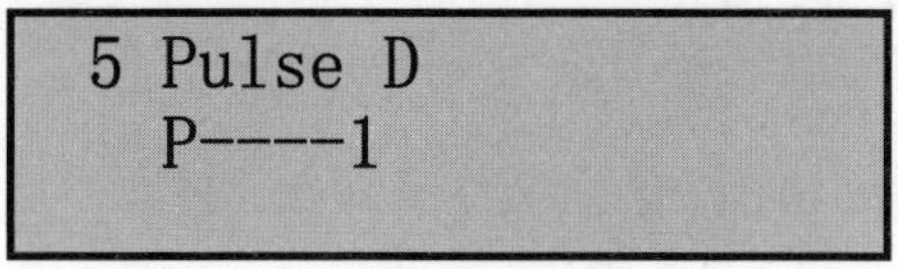

5 Pulse D
P----1

图 3－83　脉冲 D 设置项

该项用来设置可编程脉冲 D 的输出类型，设置方式与脉冲 A 类似。

（6）时间源优先级设置项如图 3－84 所示。

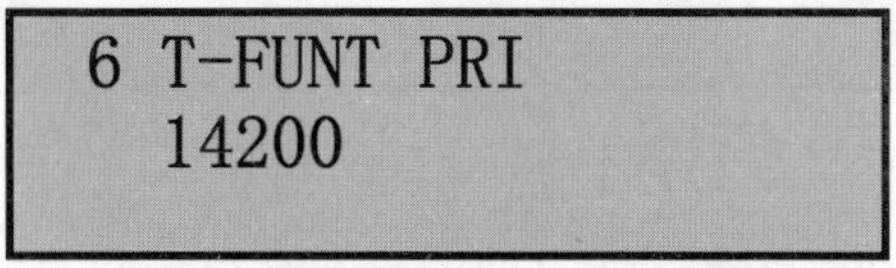

6 T-FUNT PRI
14200

图 3－84　时间源优先级设置项

该项用来设置装置 4 路输入时间源的优先级，每路输入的优先级可设置为"0"～"5"，主机装置输入时间源优先级默认设置为"14200"。分机装置输入时间源优先级默认设置为"13000"。

（7）时间源报警设置项如图 3-85 所示。

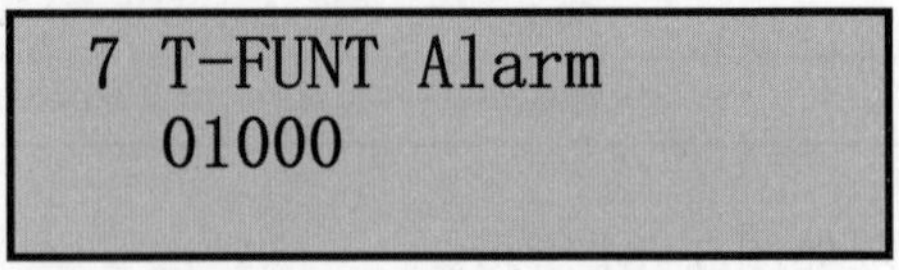

```
7 T-FUNT Alarm
01000
```

图 3-85　时间源报警设置项

该项用来设置装置的报警输出。默认值为"01000"。

（8）报警延时设置项如图 3-86 所示。

```
8 Alarm Delay
00:10
```

图 3-86　报警延时设置项

该项目用来设置装置的报警输出的延时时间。默认值为"00:00"。一般设为"00:10"，即延时 10min 告警。

（9）延时补偿设置项如图 3-87 所示。

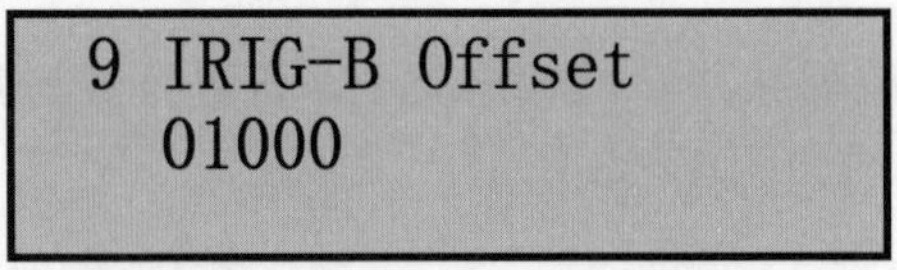

```
9 IRIG-B Offset
01000
```

图 3-87　延时补偿设置项

该项用来设置两路 IRIG-B 码的延时补偿。默认设置为"01000"，即补偿 1000ns。

（10）日志查看项如图 3-88 所示。

```
199 20191218 181230
1 GPS STA  ERROR
```

图 3-88　日志查看项

该项用来查看装置各路输入相关状态变化的日志记录。一共可存 999 条，最后一条为最近时间日志记录，存满 999 条后将从第一条开始覆盖存储。按"+"
键查看下一条日志，按"▸"键查看上一条日志，按"确认"键下翻 10 条记录。

如图 3-88 所示，第一行"199"代表为第 199 条信息，"20191218 181230"
表示日志发生记录时间为 2019 年 12 月 18 日 18 时 12 分 30 秒。

第二行"1 GPS"代表第一路信号源为 GPS，"STA Error"意为同步状态
错误，即此刻第一路 GPS 信号失步。日志的相关信息见表 3-29。

表 3-29　　　　　　　　　 T-GPS-B1A/F5A 时间同步装置日志内容

日志内容	定义解释
1 GPS	信号源 1 为 GPS
2 BC	信号源 2 为 B 码
3 BD	信号源 3 为北斗
STA	信号失步同步状态：失步—STA Error，恢复同步—STA Recover
ANT	天线状态：天线异常—ANT Error，天线恢复—ANT Recover
ACU	信号源精度状态：精度异常—ACU Error，精度恢复—ACU Recover
OEM	模块状态：模块异常—OEM Error，模块恢复—OEM Recover
Power Alarm	装置失电告警
Crystal AD	装置晶振驯服
Initial OP	装置初始化完成
Time Source	装置时间源切换："1＞＞3"表示同步时间源由第一路切换到第三路

（七）TSC-2100 软件配置说明

NTP 网络对时是变电站常用的对时方式，配电终端、电能量采集装置、站
端监控主站和调度生产管理系统等设备和系统均是通过 NTP 网络协议进行对时
的。与脉冲、IRIG-B 码和串口报文等即插即用的对时接口不同，NTP 网络对时
需要对协议端口号、NTP 服务器 IP 地址等多个参数进行正确配置后才能正常授
时。TSC-2100 网络对时管理软件（Time Synchronization Clock，简称 TSC-2100）
是 T-GPS-B1A/F5A 电力系统时钟的网络对时客户端软件，用于计算机与同步
时钟装置的 NTP 网络对时。同时 TSC-2100 也是同步时钟装置的 NTP 输出板的
配置工具，用来配置 NTP 输出板的各项参数。

1. 软件主界面

TSC-2100 软件主界面如图 3-89 所示，包括如下内容：

（1）标题栏，显示软件标题，系统菜单，系统按钮等。

（2）菜单栏，显示软件主菜单。

（3）工具栏，放置主菜单中常用的功能的快捷方式。

（4）编辑区，编辑变电站及 GPS 服务器信息。

（5）显示区，用于显示时间信息、GPS 网卡信息、缓冲区数据和事件等。

（6）状态栏，用于指示软件锁定状态、当前 GPS 服务器，当前 GPS 的 IP 地址，NTP 协议相关参数等。

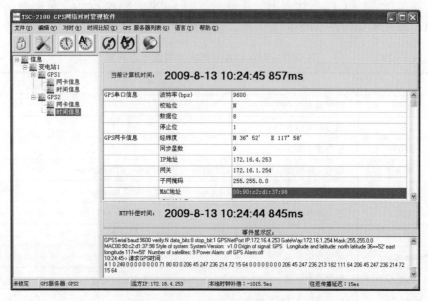

图 3-89　TSC-2100 软件主界面

2. 密码与锁定

为防止任何未经授权者使用 TSC-2100，改变 TSC-2100 的配置信息，本软件设有锁定功能。管理员可通过输入口令解除锁定。锁定状态显示在状态栏上。当软件处于锁定状态时，用户只能选择 GPS 服务器进行时间比较等操作，不能进行编辑变电站、GPS 服务器，修改 GPS 参数等操作。

软件开始运行时，为锁定状态。如图 3-90 所示，在锁定状态下，点击"主菜单"→"文件"→"锁定"，输入正确密码后可解除系统的锁定状态；再次点击"主菜单"→"文件"→"锁定"，系统将再次处于锁定状态。

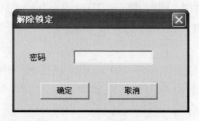

图 3-90　解除锁定页面

锁定和解除锁定功能也可通过点击工具栏按钮 完成。管理员可通过点击"主菜单"→"文件"→"修改密码",来修改锁定密码,软件初始密码"tsc2100"。修改密码页面如图3−91所示。

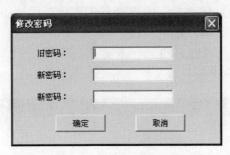

图3−91 修改密码页面

3. 客户端本地配置

在解除锁定的状态下,用户可添加、删除变电站及GPS服务器,并配置GPS信息。编辑内容显示在软件的编辑区内,采用树型结构显示。

(1)添加变电站。选中编辑区内的"信息"项后,用户通过点击"主菜单"→"编辑"→"新建"→"变电站",来增加变电站,此时编辑区内增加一个空白的变电站项,填写变电站名称来完成添加变电站的操作。

以下两种方式也可添加变电站,与点击菜单有同样的功能:

1)用户通过点击状态栏按钮 →"新建"→"变电站"。

2)在编辑区鼠标右键点击"信息"节点,再点击"弹出菜单项"→"增加变电站"。

(2)删除变电站。在编辑区用鼠标选中想要删除的变电站,通过点击"主菜单"→"编辑"→"删除"来删除。也可以通过以下方法删除变电站:

1)选中变电站后,通过点击状态栏按钮 →"删除"。

2)用鼠标右键单击编辑区内的变电站名称,点击"弹出式菜单"→"删除变电站"。

(3)添加、删除GPS服务器。在编辑区选中变电站,通过点击"主菜单"→"编辑"→"新建"→"GPS",来添加GPS服务器,添加GPS服务器完成后,请填写GPS名称。

用户也可通过以下方法增加GPS服务器:

1)在编辑区选中变电站,通过点击状态栏按钮 →"新建"→"GPS"。

2)用鼠标右键单击变电站,点击"弹出式菜单"→"增加GPS"。

用鼠标选中编辑区内的GPS后,单击"主菜单"→"编辑"→"删除"来删除GPS服务器。用户也可以通过以下两种方法来删除GPS服务器:

1）在编辑区选中 GPS，通过点击状态栏按钮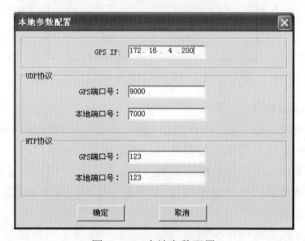→"删除"。

2）在编辑区用鼠标右键单击 GPS，点击"弹出式菜单"→"删除 GPS"。

（4）本地参数配置。在使用 NTP 网络对时前，需要配置 NTP 服务器参数。配置内容包括服务器的 IP 地址、UDP 协议的本地端口号，GPS 端口号、NTP 协议的本地端口号，GPS 端口号。

用鼠标选中编辑区内的 GPS 后，单击"主菜单"→"编辑"→"GPS 参数"→"本地参数"，来编辑服务器参数信息，编辑窗口如图 3-92 所示。

图 3-92　本地参数配置

填写完成后，点击"确定"，参数配置生效。

用户也可以通过以下两种方式配置 GPS 参数：

1）在编辑区选中 GPS，通过点击状态栏按钮→"GPS 参数"→"本地参数"。

2）用鼠标右键单击 GPS，点击"弹出式菜单"→"配置本地 GPS 参数"。

（5）NTP 输出板参数配置。在编辑区选中 GPS，点击 GPS 名称前的"+"号展开树结构，通过鼠标点击子项"网卡信息"，来请求 NTP 输出板网卡信息。请求成功后，网卡信息将显示在显示区的表格内。显示内容见表 3-30。

表 3-30　　　　　　　　　　　NTP 输出板网卡信息

序号	参数项	内容	示例
1	波特率	GPS 网卡的波特率，需与 GPS 串口的波特率一致	9600
2	校验位	GPS 网卡的校验位，需与 GPS 串口的校验位一致	N
3	数据位	GPS 网卡的数据位，需与 GPS 串口的数据位一致	8
4	停止位	GPS 网卡的停止位，需与 GPS 串口的停止位一致	1

续表

序号	参数项	内容	示例
5	经纬度	GPS 的经纬度	E 100°10′　N 30°20′
6	同步星数	GPS 同步所用的卫星数	8
7	IP 地址	GPS 的 IP 地址	172.16.4.100
8	网关	GPS 的网关	172.16.1.254
9	子网掩码	GPS 的子网掩码	255.255.0.0
10	MAC 地址	GPS 网卡的 MAC 地址	00:90:2c:d4:53:f6
11	系统版本号	GPS 系统版本号	v1.0
12	信号源	GPS 的对时信号源	GPS
13	电源报警	GPS 电源报警信息	off
14	GPS 报警	GPS 报警信息	off

软件可通过网络修改 NTP 输出板的参数。可修改的参数项包括的 IP 地址、网关、子网掩码和 NTP 输出板的串口波特率。

具体修改方法是，在编辑区选中 GPS 服务器后，点击"主菜单"→"编辑"→"GPS 参数"→"修改 GPS 参数"来修改 NTP 网卡信息。修改页面如图 3−93 所示。

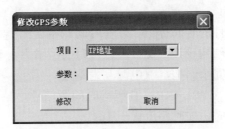

图 3−93　NTP 网卡参数页面

首先选择将要修改的项目，填写需要修改的参数，点击"修改"按钮来完成参数修改，修改成功后，软件将弹出修改成功对话框。

用户也可能通过用鼠标右键单击 GPS 名称，点击"弹出式菜单"→"修改 GPS 参数"来进行修改。

（6）服务器列表刷新。NTP 服务器会每隔一定的时间向网络发送广播信息，TSC−2100 通过接收网络上的 NTP 广播，来确定网络中的服务器数量及其 IP 地址等信息。

操作方法是通过鼠标点击"主菜单"→"GPS 服务器列表"，来搜索网络上的 GPS 服务器。搜索到的 GPS 列在 GPS 服务器列表页面内，如图 3−94 所示。

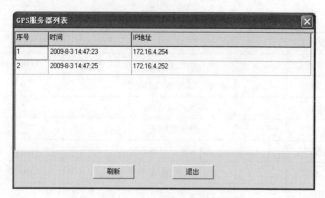

图 3-94　NTP 服务器列表页面

点击"刷新"按钮可刷新显示 GPS 服务器列表。

用户也可以通过点击工具栏按钮 ，来搜索 GPS 服务器列表。

四、中元华电时间同步装置

（一）ZH-502 装置特点

ZH-502 型 3U 时钟是武汉中元华电科技股份有限公司自主研发的主要应用于电力系统的时钟同步装置，其主要技术特点有：

（1）PowerPC+FPGA 实时软硬件技术，提供精确和种类丰富的时间同步信息。

（2）采用基于硬件的时间标记，硬件时间戳精度优于 8ns。

（3）采用模块化结构设计，支持多种接口类型输出，支持热插拔。

（4）采用双电源冗余结构，双电源互为备用。

（5）可接收 BD、GPS、IRIG-B 码等时间源信号。

（6）高精度自守时，守时精度优于 1μs。

（7）装置自动识别主时钟模式。

（8）具备输出传输延迟补偿功能。

（9）单旋钮实现所有输入功能。

（10）WEB 界面可实现功能配置，日志查询等功能。

（11）支持 IEC 61850、IEC 104 规约。

（二）ZH-502 时间同步装置机械结构

ZH-502 时间同步系统为 19 英寸宽，3U 高的银灰色机箱。装置硬件采用模块化，标准化，插件式结构。装置通常配置的板卡有电源插件、输入插件、CPU 插件、输出插件组成。信号输出板的接口类型包括：TTL 接口、RS 485 接口、RS 232 接口、光纤接口、静态空接点接口和网络接口等。装置正视图及后视图分别如图 3-95 和图 3-96 所示。

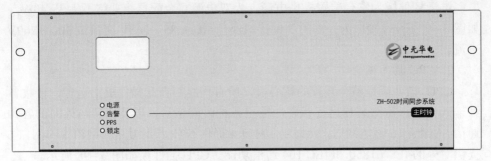

图 3-95 ZH-502 正视图

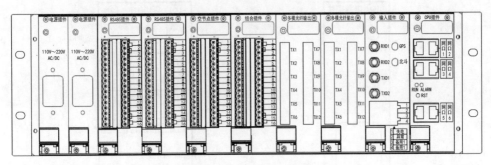

图 3-96 ZH-502 后视图

（三）ZH-502 时间同步装置功能插件

ZH-502 时间同步系统为 3U 银灰色结构，可配置多种输入输出插件，实现对时和信号输出功能，其装置插件见表 3-31。

表 3-31 ZH-502 时间同步装置插件

插件型号	插件数量	标配/选配	功能描述
电源插件	2	标配	双电源互为备用，输入电压范围：110～220V AC/DC
CPU 插件	1	标配	含 4 路 NTP，2 路通信网口
输入插件	1	选配	含 1 路 GPS 天线接口、1 路北斗天线接口（选配）、2 路多模光纤 B 码输入和输出模块、1 路 TTL 脉冲信号测试端口、4 路告警接点输出
多模光纤插件		选配	12 路，脉冲信号、串口报文、IRIG-B（DC）码
空节点插件		选配	16 路，脉冲信号、串口报文、IRIG-B（DC）码
RS 485 插件	按需配置	选配	16 路，脉冲信号、串口报文、IRIG-B（DC）码
组合板插件		选配	16 路，脉冲信号、串口报文、IRIG-B（DC）码

不同的插件因功能不同，接口类型和接口数量也不尽相同。

1. 电源插件板

电源插件板为整台装置提供电源，为双电源冗余配置，功率不大于 40W，如图 3-97 所示，接口为标准的 3 针接口座，可接入 85~265V 交流或 100~260V 直流。

2. CPU 插件板

CPU 插件板是整个装置的核心板，所有程序都在此插件板上运行，接收各种输入信号，监测装置运行状态，输出各种时间信号，以及保持与外面的各种通信。它配有 6 路电网口，网口 1~网口 4 提供 NTP 授时功能，网口 5 和网口 6 提供对外的 IEC 61850 和 IEC 104 通信功能。CPU 插件板如图 3-98 所示。

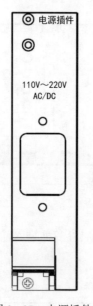

图 3-97　电源插件板

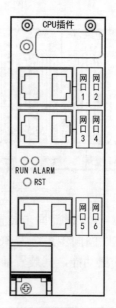

图 3-98　CPU 插件板

3. 输入插件板

输入插件板（见图 3-99）是给 CPU 插件板提供时间源输入信号的，它配有卫星源输入口和 IRIG-B 码输入输出信号接口，以及 4 路硬告警点输出信号，见表 3-32。

表 3-32　　　　　　　　　　输入插件板接口定义

接口丝印名称	接口序号	功能描述
GPS	1	接收 GPS 输入信号
BD	1	接收 BD 输入信号
RXD1	1	接收 IRIG-B1 输入信号

续表

接口丝印名称	接口序号	功能描述
RXD2	1	接收 IRIG-B2 输入信号
TXD1	1	输出 IRIG-B 码时间信号
TXD2	1	输出 IRIG-B 码时间信号
绿色端子	1	装置电源失电告警
	2	装置异常告警
	3	备用
	4	备用

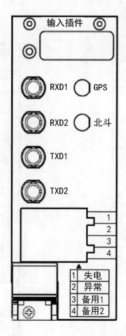

图 3-99 输入插件板

4. 多模光纤插件板

多模光纤插件板输出 12 路波长为 820/850nm 的多模光信号,如图 3-100 所示。可通过印制板上短路跳线设置为 IRIG-B 码、串口报文、PPH、PPM、PPS 信号输出,见表 3-33。

表 3-33　　　　　　　　　　　输出板跳线对应信号

短路子位置	输出信号
PPS	PPS
PPM	PPM
PPH	PPH
UART	串口报文
IRIGB	IRIG-B 码
RES	保留

5. 空接点插件板

空接点信号输出板向外输出 16 路空接点信号，如图 3-101 所示。可通过印制板上短路跳线设置为 IRIG-B 码、串口报文、PPH、PPM、PPS 信号输出。

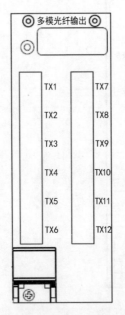

图 3-100　多模光纤插件板

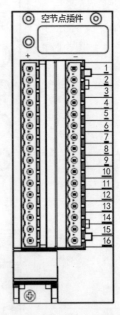

图 3-101　空接点插件板

6. RS 485 插件板

RS 485 插件输出板向外输出 16 路 485 差分信号，如图 3-102 所示。可通过印制板上短路跳线设置为 IRIG-B 码、串口报文、PPH、PPM、PPS 信号输出。

7. 组合插件板

组合插件输出板向外输出 16 路多种硬件接口的时间信号，底板上可以插装

4 块小板，每块小板上输出 4 路相同硬件接口的信号，硬件接口可以是 TTL 信号、RS 232 信号、RS 485 信号，可通过印制板上短路跳线设置为 IRIG–B 码、串口报文、PPH、PPM、PPS 信号输出。组合插件板如图 3–103 所示。

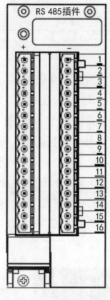

图 3–102　RS 485 插件板

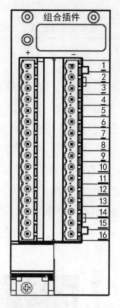

图 3–103　组合插件板

（四）指示灯说明

前面板上共有 4 个 LED 指示灯，分别为电源正常指示、失步告警指示、秒脉冲（1PPS）指示、锁定指示。如图 3–104 所示。

图 3–104　ZH–502 时间同步装置状态指示灯

4 个指示灯的指示方式和定义见表 3–34。

表 3-34   ZH-502 时间同步装置前面板指示灯含义

名称	说明
电源	当装置电源正常时，常亮（绿色）
告警	当装置正常工作时，熄灭；异常时，常亮（红色）
PPS	当装置有时间信号输出后，每秒钟闪烁 1 次（绿色）；没有信号输出，熄灭
锁定	当装置锁定时间源时，常亮（绿色）；无锁定源时，熄灭

（五）液晶显示说明

装置的显示是通过一块 128X64 的字符型点阵液晶屏进行显示的，装置正常工作时可以对外显示年、月、日、时、分、秒，时间源及状态，参数配置等信息。时钟装置在上电运行初始化完成后，显示主界面内容，如图 3-105 所示，包含上部分的年、月、日和中间部分的时、分、秒时间信息，每秒更新一次时间，下方会显示 GPS、BD、IRIG-B1、IRIG-B2 四个时间源状态信息，其中 GPS 和 BD 包含了当前锁定星和可视星数目，如果某个时间源为可用状态，则在该时间源名称前面有"*"号闪烁；如果时钟装置同步了某个时间源，则在该时间源前面有"+"号闪烁，通过按键操作可以切换液晶显示内容进行参数设置。

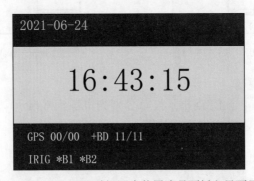

图 3-105   ZH-502 时间同步装置液晶面板主界面显示

（六）按键及操作

1. 按键功能

ZH-502 时间同步系统的设置通过单键飞梭配合液晶显示菜单来完成，按下是表示确认，左旋是表示前移或者数值递减，右旋是表示右移或者数值递加。当光标在某个菜单上时，将按键按下一次，则可以进入该菜单页面，如果是左旋或右旋则可以进行菜单的前移或后移，如果光标是在参数值上时，左旋或右旋则可以移到要设置的数值上去，按键再按下一次后，再进行左旋或右旋就可以改变该数值的大小，修改完成后将光标移至"Confirm"按下按键即表示参数设置确认，按下每个页面的下的"Cancel"表示返回上一级菜单。按键与液晶屏如图 3-106 所示。

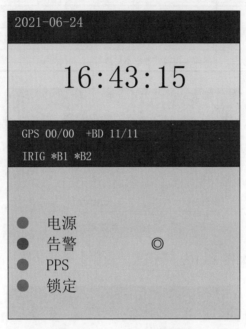

图 3-106 按键与液晶屏

2. 液晶显示界面

（1）密码界面。在主显示界面下按下单键飞梭按钮，进入密码输入界面，输入密码"888"进入常规设置。如图 3-107 所示。

图 3-107 密码输入界面

（2）设置界面。密码确认后进入设置菜单的主界面，显示一级菜单项目包含四个主菜单介绍，见表 3-35 和图 3-108。

表 3-35　　　　　　　　　　　ZH-502 时间同步装置主菜单

一级菜单	定义
GPS&COMPASS	包含时区设置、源优先级设置
NET	包含各网口 IP 设置、E1 模式设置
IO-OUT	包含串口波特率、交流 B 码调制比、输出补偿、串口标准设置
INFO	显示当前软件版本信息

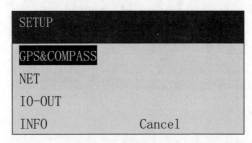

图 3-108　主菜单显示

（3）时区设置如图 3-109 所示。

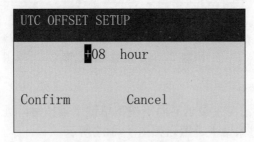

图 3-109　时区设置显示

（4）时间源优先级设置如图 3-110 所示。

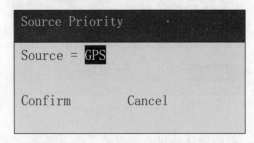

图 3-110　时间源优先级设置显示

（5）IP 地址设置。ZH-502 时钟同步装置配有 6 个网口，共有 6 个地址设置页面，ETH IP 页面下包含了 E1-E4 网口的 IP 设置，如图 3-111～图 3-113 所示。

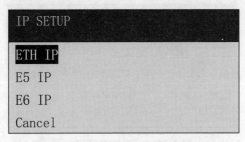

图 3-111 IP 设置主界面显示

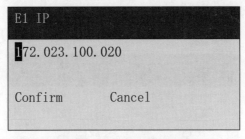

图 3-112 IP1 地址设置

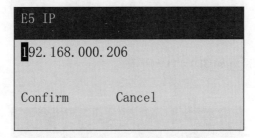

图 3-113 IP5 地址设置

（6） E1 模式设置如图 3-114 所示。

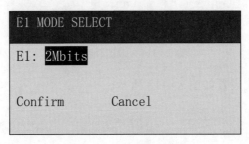

图 3-114 E1 模式设置

（7）串口波特率设置如图 3-115 所示。

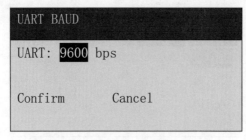

图 3-115　串口波特率设置

（8）交流 B 码调制比设置如图 3-116 所示。

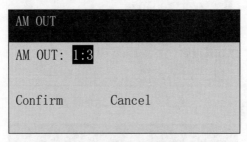

图 3-116　交流 B 码调制比设置

（9）输出补偿设置如图 3-117 所示。

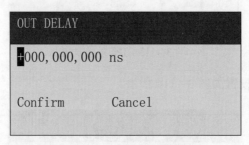

图 3-117　输出补偿设置

（10）串口模式设置如图 3-118 所示。

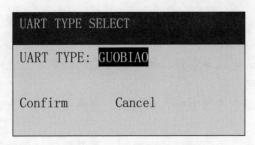

图 3-118　串口模式设置

（11）软件版本显示如图 3-119 所示。

图 3-119　软件版本信息显示

（七）配置说明

在初始化完成，同步时间源后即可输出各种时间信号，通过 CPU 板上的 ETH1-ETH4 网口即可对外输出 NTP/SNTP 网络时间报文，用户通过液晶显示和按键设置好对应的网口 IP 即可，无须进行其他设置。

五、东方电子系列时间同步装置

（一）装置特点

IDC560 同步时钟是东方电子股份有限公司自主研发的主要应用于电力系统的时钟装置，其主要技术特点有：

（1）系统采用模块化设计，配置灵活，规模可伸缩。

（2）支持 GPS、北斗、IRIG-B 等多种时钟源并具备后续扩充能力。

（3）支持多时钟源自适应冗余运行，单机可支持 4 个时钟源输入。

（4）具备多层次冗余功能，单机可电源冗余，时源冗余，还可以实现双机冗余。

（5）采用插板式结构，可在线热插拔，现场更换故障模块不影响系统正常授时，极大提高系统的可靠性及可维护性。

（6）支持多种时间输出接口，包括：串口报文 232 插件、串口报文 485 插件、脉冲插件、IRIG-B 485 插件、IRIG-B 光纤插件、测频插件、NTP 网络授时等。

（7）具备良好的电磁兼容性，所有信号输出口均经过光电隔离，可在复杂电磁环境下可靠稳定运行。

（8）支持光纤或电缆级联输入和输出，支持多种组网方式，基本式、主从式、主备式等。

（9）同步精度高，内置时延补偿机制，可补偿信号传输延时，脉冲准时延精度优于±0.1μs。

（10）通过特殊守时算法，可保证守时精度在 1us/h 以内。

（11）采用时源优选法，时源优先级为：BD＞GPS＞其他独立时源＞关联时源。

（12）不仅具有监视本装置运行状态的告警接点，还支持 IEC 61850、IEC 104和 NTP 监测规约，可实现时钟状态的在线监测。

（13）时钟可平滑切换，保证时间输出的连续性。

（14）板卡类型可自识别，并可上送板卡状态。

（15）显示界面美观，包含各种关键状态信息，并提供事件记录日志。

（二）IDC560 同步时钟机械结构

IDC560 同步时钟为标准 19 英寸宽，3U 高机箱。装置硬件采用模块化、标准化、插件式结构。装置通常配置的板卡有电源板、时源板和信号输出板。信号输出板的接口类型包括 TTL 接口、RS 485 接口、RS 232 接口、光纤接口、静态空接点接口和网络接口等，每一种接口类型的信号输出板可在机箱允许范围内任意组合。装置正视图及后视图分别如图 3-120 和图 3-121 所示。

（三）IDC560 同步时钟插件

装置插件可根据不同工程需求灵活配置，满足传统、数字化变电站的不同需求。插件型号及功能描述见表 3-36。

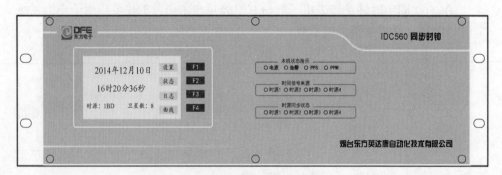

图 3-120 IDC560 正视图

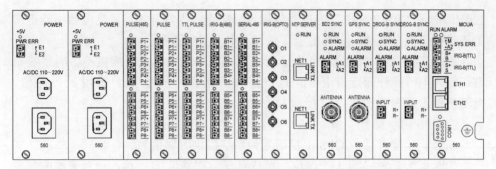

图 3-121　IDC560 背视图

表 3-36　　　　　　　　　　　装　置　插　件

插件型号	插件数量	标配/选配	功能描述
BD 同步插件	1～4	选配	接收北斗卫星同步信息，主时钟标配，从时钟不需要。所有同步插件总数量不超过 4
GPS 同步插件	1～4	标配	接收 GPS 卫星同步信息，主时钟标配，从时钟不需要。所有同步插件总数量不超过 4
IRIG-B 同步插件	1～4	选配	1 路 RS 485 B 码输入，1 路告警接点输出。所有同步插件总数量不超过 4
IRIG-B 光纤同步插件	1～4	选配	1 路光纤 B 码输入，1 路告警接点输出。所有同步插件总数量不超过 4
电源插件	1～2	标配	电源板 2 张为冗余配置，电源输入范围为 110～220V AC/DC
MCU 插件	1	选配	提供 2 路通信输出接口，1 路告警节点输出
工频测量插件	1	选配	提供 2 路 AC 220V 输入接口
IRIG-B（485）接口插件	所有输出插件总计最多选配 13 张	选配	提供 8 路 IRIG-B（DC）输出
RS 232 接口插件		选配	提供 8 路串口报文信号输出
脉冲 TTL 插件		选配	提供 8 路 1PPS、1PPM、1PPH 输出
脉冲空接点插件		选配	提供 8 路 1PPS、1PPM、1PPH 输出
脉冲 485 插件		选配	提供 8 路 1PPS、1PPM、1PPH 输出
IRIG-B 光纤插件		选配	提供 6 路 IRIG-B（DC）输出
IRIG-B（AC）插件		选配	提供 8 路 IRIG-B（AC）信号输出
双口网络对时插件		选配	提供 2 路 NTP/SNTP 网络信号输出

不同的插件因功能不同，接口类型和接口数量也不尽相同。

1. 电源插件

电源插件占用两个槽位，支持交直流电源输入。电源范围为 AC/DC 110～

220V；端子"PWR ERR"为电源故障告警接点，为常开接点，当电源不能正常工作时接点闭合告警。电源指示灯亮表示电源工作正常。

本电源插件支持双插件冗余运行，可在线热插拔，电源插拔不影响系统正常运行。电源插件固定占用槽位 1，冗余电源插件插在槽位 2，占用 2～3 槽位。电源插件示意图如图 3-122 所示。

2. GPS 同步插件

GPS 同步插件接收 GPS 卫星信号为系统提供时间信息。

GPS 同步插件占用 1 个槽位，可任意安装在槽位 11～14，一台装置中最多可冗余配置 4 块 GPS 同步插件。

绿色指示灯"RUN"为运行指示灯，正常运行时按 1s 左右的频率闪烁，长亮或长灭都表示插件故障。

绿色指示灯"SYNC"为同步指示灯，当插件锁定 GPS 卫星信号并成功解算出有效时间信息时，该灯点亮。

红色指示灯"ALARM"为告警指示灯，如果插件连续 4s 收不到时间信息或连续 0.5h 收不到有效卫星信号则该灯点亮，提示 GPS 系统可能存在故障，这时用户应对包括 GPS 天线，天线馈线，GPS 同步插件等进行检查，及时排除故障，保证系统高精度运行。若该指示灯闪烁表明接收机正常但未收到有效卫星信号。

端子"ALARM"为告警接点，为常开接点，如果插件不能正常运行或 ALARM 灯常亮时，该接点闭合告警。

BNC 插头"ANTENNA"为 GPS 天线输入插头。

GPS 同步插件示意图如图 3-123 所示。

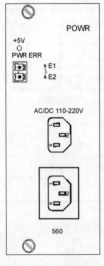

图 3-122 电源插件

图 3-123 GPS 同步插件

3. 北斗同步插件

北斗同步插件接收北斗卫星信号为系统提供时间信息。插件占用 1 个槽位，可任意安装在槽位 11～14，一台装置中最多可冗余配置 4 块北斗同步插件。

绿色指示灯"RUN"为运行指示灯，正常运行时按 1s 左右的频率闪烁，长亮或长灭都表示插件故障。

绿色指示灯"SYNC"为同步指示灯，当插件锁定北斗卫星信号并成功解算出有效时间信息时，该灯点亮。

红色指示灯"ALARM"为告警指示灯，如果插件连续 4s 收不到时间信息或连续半小时收不到有效卫星信号则该灯点亮，提示北斗系统可能存在故障，这时用户应对包括北斗天线，天线馈线，北斗同步插件等进行检查，及时排除故障，保证系统高精度运行。若该指示灯闪烁表明接收机正常但未收到有效卫星信号。

端子"ALARM"为告警接点，为常开接点，如果插件不能正常运行或 ALARM 灯常亮时，该接点闭合告警。

BNC 插头"ANTENNA"为北斗天线输入插头。

北斗同步插件示意图见图 3-124 所示。

4. IRIG-B 同步插件

IRIG-B 同步插件接收 RS 485 差分 IRIG-B 时间信号为系统提供时间信息。

IRIG-B 同步插件占用 1 个槽位，可任意安装在槽位 11～14，一台装置中最多可冗余配置 4 块 IRIG-B 同步插件。

图 3-124　北斗同步插件

绿色指示灯"RUN"为运行指示灯，正常运行时按 1s 左右的频率闪烁，长亮或长灭都表示插件故障。

绿色指示灯"SYNC"为同步指示灯，当插件锁定 IRIG-B 信号并成功解算出有效时间信息时，该灯点亮。

红色指示灯"ALARM"为告警指示灯，如果插件连续 4s 收不到时间信息则该灯点亮，提示 IRIG-B 对时系统可能存在故障，这时用户应对包括 IRIG-B 时源，IRIG-B 信号传输通道，IRIG-B 同步插件等进行检查，及时排除故障，保证系统高精度运行。

端子"ALARM"为告警接点，为常开接点，如果插件不能正常运行或 ALARM 灯常亮时，该接点闭合告警。

插头"INPUT"为 RS 485 差分方式的 IRIG-B 信号输入插头，注意插头右

图 3-125　IRIG-B 同步插件

侧的"R+"与"R-"对 485 信号线极性进行了标识，不能反接。

2RIG-B 同步插件示意图如图 3-125 所示。

5. 光纤 IRIG-B 同步插件

光纤 IRIG-B 同步插件接收光纤传输的 IRIG-B 时间信号为系统提供时间信息。有光对应 IRIG-B 信号的高电平，无光对应 IRIG-B 信号的低电平。

光纤 IRIG-B 同步插件占用 1 个槽位，可任意安装在槽位 11~14，一台装置中最多可冗余配置 4 块光纤 IRIG-B 同步插件。

绿色指示灯"RUN"为运行指示灯，正常运行时按 1s 左右的频率闪烁，长亮或长灭都表示插件故障。

绿色指示灯"SYNC"为同步指示灯，当插件锁定 IRIG-B 信号并成功解算出有效时间信息时，该灯点亮。

红色指示灯"ALARM"为告警指示灯，如果插件连续 4s 收不到时间信息则该灯点亮，提示 IRIG-B 对时系统可能存在故障，这时用户应对包括 IRIG-B 时源，IRIG-B 信号传输光纤，光纤 IRIG-B 同步插件等进行检查，及时排除故障，保证系统高精度运行。

端子"ALARM"为告警接点，为常开接点，如果插件不能正常运行或 ALARM 灯常亮时，该接点闭合告警。

插座"INPUT"为 ST 形式的光纤输入插座。本插件标准适配多模光纤，也可特别定购适配单模光纤。

光纤 IRIG-B 同步插件示意图如图 3-126 所示。

6. 脉冲插件

脉冲插件占用 1 个槽位，可任意安装在槽位 2~14，单台设备中可配置该插件的数量只受插槽数量限制。

脉冲插件接收系统中的 PPS/PPM/PPH 信号，通过信号选择及驱动，以光耦空接点的方式对外输出。

每块插件提供 2 组 8 对脉冲输出，其中 P1~P4 为一组，P5~P8 为一组，每组输出可单独设定为 PPS（秒脉冲）、PPM（分脉冲）或 PPH（时脉冲）。每组输出的端子上方设有一个指示灯，同步显示本组端子的输出信号。如果本组端子设定为秒脉冲输出，则该灯每秒闪烁一次，同理当设定为分脉冲或时脉冲时每分或每小时闪烁一次，方便用户了解各组端子的配置情况。

脉冲插件示意图如图 3-127 所示。

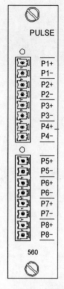

图 3-126 光纤 IRIG-B 同步插件　　　　　图 3-127 脉冲插件

7. IRIG-B 485 插件

IRIG-B 485 插件占用 1 个槽位，可任意安装在槽位 2～14，单台设备中可配置该插件的数量只受插槽数量限制。

IRIG-B 485 插件接收系统中的 IRIG-B 对时信号，经光电隔离驱动后以 RS 485 形式通过前面板的端子对外输出。每块插件提供 8 组 IRIG-B 信号，分别标识为"Bn+"和"Bn-"。其中"Bn+"为 RS 485 信号中的正极性线，"Bn-"为 RS 485 信号中的负极性线。

IRIG-B 485 插件示意图如图 3-128 所示。

8. IRIG-B 光纤插件

IRIG-B 光纤插件占用 1 个槽位，可任意安装在槽位 2～14，单台设备中可配置该插件的数量只受插槽数量限制。

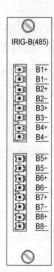

IRIG-B 光纤插件接收系统中的 IRIG-B 对时信号，经驱动后以光纤形式通过前面板的 ST 头对外输出。每块插件提供 6 路 IRIG-B 光纤信号，有光对应高电平，无光对应低电平。插件默认配置为匹配多模光纤，特殊订货也可以提供匹配单模光纤的插件。外观尺寸及结构不变。

IRIG-B 光纤插件示意图如图 3-129 所示。

图 3-128 IRIG-B 485 插件

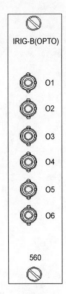

图 3-129 IRIG-B 光纤插件

9. 双口网络授时插件

双口网络授时插件占用 1 个槽位，可任意安装在槽位 2～14，单台设备中可配置该插件的数量只受插槽数量限制。

双口网络授时插件接收系统时钟信号，通过 10/100M 自适应网口以 NTP/SNTP 协议通过以太网络对网络内的设备进行对时。

绿色指示灯"RUN"为运行指示灯，正常运行时按 1s 左右的频率闪烁，长亮或长灭都表示插件故障。

指示灯"LINK"为以太网联接状态指示灯，熄灭表示插件没有接入网络，需检查网络和 Hub；点亮表示插件已成功接入网络。

指示的灯"TX"为以太网数据发送指示灯，熄灭表示插件没有发送数据；点亮表示插件正发送数据。

插件提供两个标准的 RJ45 以太网接口。

双口网络授时插件示意图如图 3-130 所示。

10. 工频测量插件

工频测量插件占用 1 个槽位，可任意安装在槽位 2～14，一台装置中最多配置 1 块工频测量插件。

工频测量插件可高精度的完成工频测量功能。

绿色指示灯"RUN"为运行指示灯，正常运行时按 1s 左右的频率闪烁，长亮或长灭都表示插件故障。

端子"INPUT"为待测市电工频线接入端子，L 接火线，N 接零线。

工频测量插件示意图如图 3-131 所示。

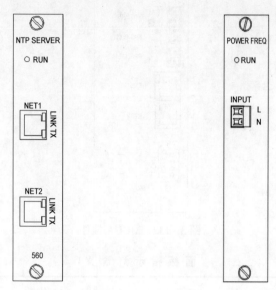

图 3-130 双口网络授时插件   图 3-131 工频测量插件

11. MCUA 插件

MCUA 插件占用 1 个槽位，固定位于 15 号槽位。本插件提供隔离的测试校准信号、系统告警信号及实现时钟管理功能。可以通过本插件上的插针 J2 对设备的运行模式进行设置，当 J2 悬空不安装跳线插时装置默认工作于母钟模式，此时可通过液晶面板修改主从模式，当在 J2 上装上跳线插时，装置工作于子钟模式，液晶面板无法修改主从模式。

端子"SYS ERR"为系统告警接点，常开，当系统不能正常运行时接点闭合告警；端子"PPS（TTL）"提供光电隔离的 TTL 电平的秒脉冲信号，用于系统测试及校准，也可用于授时；端子"IRIG-B（TTL）"提供光电隔离的 TTL 电平的 IRIG-B 信号，用于系统测试，也可用于授时。

"ETH1"和"ETH2"用于提供时钟管理服务，两个网口都可以使用 IEC 61850、IEC 104 及 NTP 协议，并可对该插件参数进行设置。特别说明的是两个网口必须在不同的网段。

"COM1"用来对该插件进行维护，并可对整个时间同步装置进行参数设置。

MCHA 插件示意图如图 3-132 所示。

（四）IDC560 同步时钟指示灯说明

IDC560 同步时钟面板指示灯含义见表 3-37。

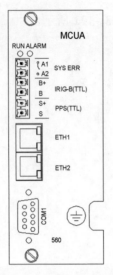

图 3－132　MCUA 插件

表 3－37　　　　　　　　面　板　指　示　灯　含　义

功能	说明
电源指示灯	电源指示灯（红色）：当装置任意一路电源正常时，灯亮
告警指示灯	告警指示灯（绿色）：外部时间基准信号锁定时，告警指示灯灭；当外部时间基准信号丢失或无效时，告警指示灯亮
PPS 指示灯	PPS 指示灯（绿色）：当系统有输出时，PPS 指示灯每秒闪烁 1 次
PPM 指示灯	PPM 指示灯（绿色）：当系统有输出时，PPM 指示灯每分钟闪烁 1 次
时间信号来源指示灯	时间信号来源指示灯（绿色）：当系统跟踪到当前外部时间基准源时，对应的时间信号来源指示灯亮
时源同步状态指示灯	时源同步状态指示灯（绿色）：当外部时间基准信号锁定时，对应的时源同步状态指示灯亮

（五）IDC 560 同步时钟液晶显示说明

1. 液晶初始化界面

当时钟从上电开始没有同步，则始终保持初始化状态，液晶显示如图 3－133 所示。

2. 液晶主显示界面

当系统同步成功，则进入初始化完成状态，液晶显示如图 3－134 所示。

界面中时间为北京时间；时源为同步时钟优选出的时源，"1"代表该时源在时源插槽的第一个位置；卫星数为该时源卫星数，对于地面时源，卫星数始终为 0。

图 3-133 液晶初始化界面显示内容

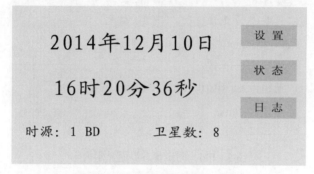

图 3-134 液晶主界面显示内容

3. 系统状态界面

在液晶主显示界面单击 F2 按钮（对应"状态"），则进入系统状态界面，液晶显示如图 3-135 所示。

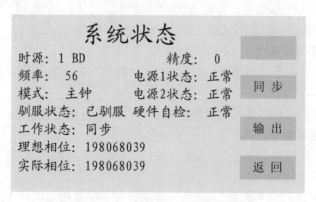

图 3-135 系统状态界面显示内容

界面中时源为优选出的时源；精度为当前时钟精度，与 B 码中对时间精度的定义相同；频率为解算出来的晶振频率，但不是实际晶振频率；同步时钟有

123

两路电源，各路电源状态可直观看到；模式为主钟或者从钟；驯服状态用来指示当前时钟是否驯服，若驯服则表示时钟精度达到高精度要求；若硬件正常则硬件自检显示正常，否则为异常；工作状态代表同步时钟所处的状态，未初始化、同步、失步。理想相位为同步时钟解算出的相位；实际相位为时钟当前输出的相位。

4. 同步状态界面

在液晶主显示界面单击 F2 按钮（对应"同步"），则进入同步状态界面，液晶显示如图 3−136 所示。

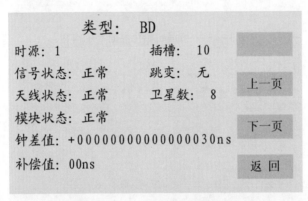

图 3−136　同步状态界面显示内容

该界面用来显示所接入的同步插件的状态。时源 1 表示该时源为第一路时源；插槽代表该时源在机箱中所处的位置；信号状态代表该时源是否收到有效卫星信号，正常则表示接收卫星信号正常反之异常。该时源的天线状态、接收模块状态、时源是否有跳变都可以在该界面看到。钟差值代表该时源与本地时源的偏差，以纳秒为单位。补偿值为对该路时源所做的补偿，以纳秒为单位。上下翻页可观察各路时源状态。

5. 日志显示界面

在液晶主显示界面单击 F3 按钮（对应"日志"），则进入日志显示界面，液晶显示如图 3−137 所示。

该界面用于显示时钟所记录的顺序事件，最多可记录 210 条。

6. 设置登录界面

在液晶主显示界面单击 F1 按钮（对应"设置"），则进入设置登录界面，液晶显示如图 3−138 所示。

单击"F1"（对应"确定"）可用于移动光标，更改相应位；"F2 和 F3"（对应加减）用于修改光标所在位的数值；输完最后一位再次单击"F1"（对应"确定"），若输入密码正确则进入设置界面，否则需重新输入密码；默认密码为"000000"。

序号	时间	故障信息
1	2014-12-9 12:8:54	晶振驯服状态恢复
2	2014-12-9 12:4:32	晶振驯服状态异常
3	2014-12-9 11:55:2	当前时源：北斗
4	2014-12-9 11:24:7	GPS时间跳变异常
5	2014-12-9 11:2:53	GPS天线异常
6	2014-12-9 10:8:32	当前时源：GPS
7	2014-12-9 10:7:14	晶振驯服状态恢复

图 3-137　日志界面显示内容

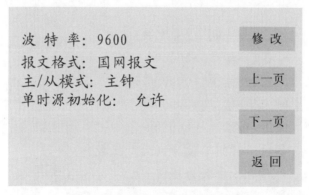

图 3-138　设置登录界面显示内容

7. 设置界面 1

当在设置登录界面输入密码正确，则进入设置界面 1，液晶显示如图 3-139 所示。

图 3-139　设置界面 1 显示内容

若需修改参数则单击"F1"（对应"修改"），则进入修改界面1。通过单击"F2""F3"（对应"上一页"、"下一页"）可找到要修改的参数所在界面。

8. 修改设置界面1

在设置界面1单击"F1"（对应"修改"），则进入修改界面1。液晶显示如图3-140所示。

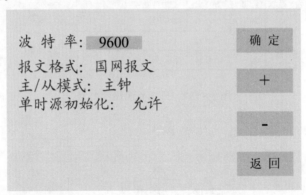

图3-140 修改设置界面1显示内容

波特率和报文格式为输出串口时间报文的波特率和格式，主从模式用于修改时钟为主钟或是从钟；单时源初始化，表示在初始化状态有一路时源接收卫星信号正常时是否允许同步。

若背景为深蓝代表该参数被选中，可对其进行修改。"F1"键（对应"确定"）用于换行，"F2"和"F3"（对应加减键）用于对所选参数的修改。单击"F4"则回到设置界面1。

9. 设置界面2

在设置界面1下单击"F3"（对应"下一页"）则进入设置界面2。如图3-141所示。

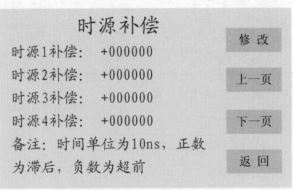

图3-141 设置界面2显示内容

若需修改参数则单击"F1"（对应"修改"），则进入修改界面2。通过单击"F2""F3"（对应"上一页"、"下一页"）可找到要修改的参数所在界面。

10. 修改设置界面2

在设置界面1单击"F1"（对应"修改"），则进入修改界面2。液晶显示如3-142所示。

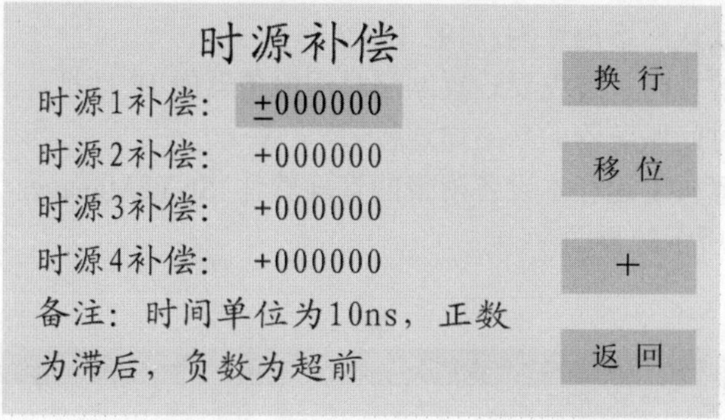

图3-142 修改设置界面2显示内容

背景为深蓝色代表选中该参数可对该参数进行修改。单击"F1"键（对应"换行"），可在四路时源补偿之间切换。单击"F2"键（对应"移位"），可在所选时源补偿值上进行移位。单击"F3"键（对应加），可对光标所在位置的数值进行修改。单击"F4"键（对应"返回"），可回到设置界面2。

11. 修改设置界面3

在设置界面2下单击"F3"（对应"下一页"），则进入修改界面3。如图3-143所示。

图3-143 修改设置界面3显示内容

单击"F1"（对应"确定"），用于在各位之间进行切换，单击"F2""F3"（对应加减键），可对光标所在位置数值进行加减。两次密码都输完再按"F1"（对应"确定"），若两次输入的密码相同则修改成功，否则提示两次输入不一致。

（六）IDC 560 同步时钟按键及操作

在设备前面板上设有 4 个按键，按键上分别印有"F1""F2""F3""F4"，各按键的功能与左侧液晶提示对应，在不同显示界面呈现出不同的功能。

（七）IDC 560 同步时钟配置说明

网络接口默认网络地址为：192.168.0.254。

要进行有效校时，首先要设置网络时间服务器的 IP 地址。首先把管理计算机的网络口与时间服务器的网络口连接。

在管理计算机上运行本设备附带的管理软件 SNTPManager，稍后片刻后出现如图 3-144 所示的界面。

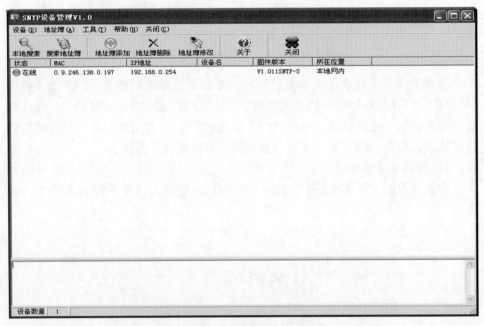

图 3-144　SNTPManager 主界面

用鼠标选中要配置的设备双击，出现如图 3-145 所示的界面。

在网络参数设置中用户可以输入 IP 地址、子网掩码、网关 IP，注意其他参数不要更改。

IP 地址设置完毕后点击"确定"键确认退出。

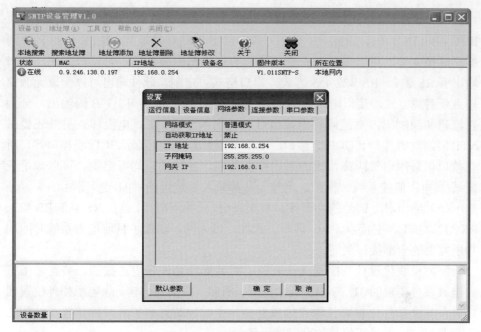

图 3-145　网络参数修改界面

六、国电武仪系列时间同步装置

（一）WY695 时间同步装置特点

WY695 电力系统时钟同步装置以卫星信号或外部输入的 IRIG-B 码为时间基准，通过扩展接口输出秒脉冲、分脉冲、IRIG-B 码、串口对时报文以及网络对时报文等对时信号，为电力系统时间同步提供完善的解决方案。

（1）全硬件设计。本装置内部编码解码全部采用 FPGA 完成，作为专用集成电路（ASIC）领域中的一种半定制电路，FPGA 既解决了定制电路的不足，又克服了原有可编程器件门电路数目有限的缺点，它具有的硬件逻辑可编程性、大容量、高速、内嵌存储阵列等特点使其特别适合于高速数据采集、复杂控制逻辑、精确时序逻辑等场合的应用，因此由 FPGA 组成的硬件系统具有实时性高、运行可靠、延时固定、方便补偿的特点。由于没有任何软件参与，所以不存在软件容易走飞的特有缺陷。

（2）基于硬件的解决方案，使得输入到输出的延时固定，从而可以实现精确补偿，主时钟/扩展时钟具有相同的输出精度，对时信号准时沿的准确度高、稳定性好。

（3）时钟源信号的解码、有效性分析，由硬件并行处理，实时性高，真正实现 0s 自动切换，确保时钟源切换时不会产生错误的脉冲和时间输出。

（4）输出的对时信号种类丰富，包括（时、分、秒）脉冲、串口对时报文、IRIG－B（DC）码、IRIG－B（AC）码、NTP 网络对时报文、IEEE 1588 PTP 网络对时报文等，可以满足现有变电站所有保护测控装置的对时接口方式，串口输出有 RS 232、RS 422/485 方式，串口格式可定制。脉冲输出可以配置无源空接点或有源方式，接口电压高达 220V 且不分正负。提供 IRIG_B 码输出，分为直流码和调制码，直流码输出接口可以选配差分、TTL、电流环。另外还提供 NTP 网络对时接口、DCF77 接口、电信 E1 接口、LED 显示 BCD 码接口等，所有接口均采用电气隔离，因为采用插件结构，各种接口均可定制。可以满足变电站/发电厂监控系统、保护、测控、故障录波等装置的时间同步需要。

（5）输出对时信号的物理接口种类齐全，且相互隔离，包括 RS 485、RS 422、RS 232、TTL、空接点、AC 调制、光纤、以太网，涵盖了目前电力系统时间同步所需要的全部接口类型。

（6）模块化设计、配置灵活方便、扩展插件允许带电热拔插。装置采用符合电磁兼容要求的 3U 高、19 英寸宽铝制机箱，背插式结构。除电源插件位置固定外，其余插件位置可任意安排或互换。主时钟装置和扩展时钟装置在结构上完全兼容，输出时间信号的准确度一致。

（7）支持最新的 SDH 网络、PTP 技术，时间同步系统的误差小于 1μs。

（二）WY695 时间同步装置机械结构

WY695 时间同步装置为标准 19 英寸宽，3U 高机箱。装置硬件采用模块化、标准化、插件式结构。主时钟采用装置通常配置的板卡有 POWER 板、MAIN 板、NTP 板和信号输出板。信号输出板的接口类型包括：TTL 接口、RS 485 接口、RS 232 接口、光纤接口、静态空节点接口和网络接口等。每个机箱中 POWER 插件固定配置 2 块，MAIN 插件固定配置 1 块，其余插件可任意搭配（共有 7 个空余槽位）。装置正视图及后视图分别如图 3－146 和图 3－147 所示。

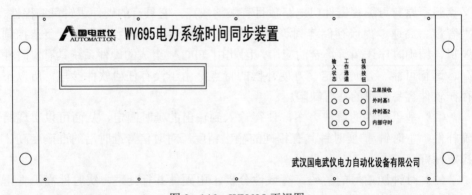

图 3－146　WY695 正视图

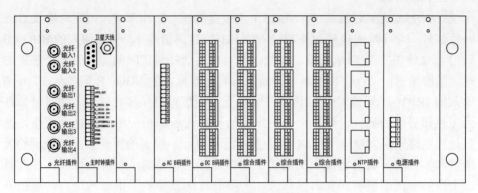

图 3-147　WY695 背视图

（三）WY695 时间同步装置功能插件介绍

装置插件可根据不同工程需求灵活配置，满足传统、数字化变电站的不同需求。插件型号及功能描述见表 3-38。

表 3-38　　　　　　　　　　　装　置　插　件

插件名称	功能说明	插件最大配置数量（1 个机箱）	对应信号输出
MAIN	主时钟插件，负责标准时钟信号源输出	1 块 MAIN 插件	2 路光信号
POWER	电源插件，提供主机箱工作电源及装置告警信号的空接点输出	2 块 POWER 插件	4 对空接点输出信号
FIBER	光纤时钟信号输出	2 块 FIBER32 插件加1 块 FIBER8 插件	72 路光信号
DCB	差分 IRIG-B 码信号输出	4 块 DCB32 插件	128 路差分信号
ACB	调制 IRIG-B 码信号输出	7 块 ACB 码插件	56 路 ACB 码信号
NTP	NTP 网络对时报文输出	1 块 NTP 插件	4 路以太网报文输出
MONITOR	带监控功能的 NTP 网络对时报文输出	1 块 MONITOR 插件	4 路以太网报文输出，1 路 MMS 报文信号输出
MULTI	综合信号输出，可输出空接点、RS 232、TTL 三种对时信号，每块插件最多可输出 32 路综合信号	7 块 MULTI 插件	三种信号合计最多输出 224 路

不同的插件因功能不同，接口类型和接口数量也不尽相同。

1. 电源插件

电源板为整台装置提供电源，可接入 85~265V 交流或 100~260V 直流。电源插件如图 3-148 所示。

2. MAIN 板

WY695A 的主时钟插件（MAIN）为装置的核心工作部分，可同时接收 GPS 时钟信号、北斗时间信号、外部输入的 IRIG-B 码信号 1、外部输入的 IRIG-B 码信号 2 和内部守时单元输出信号，并可自动选择最优时间源作为整个装置的时间基准输出；WY695C 扩展时钟装置只有外部输入的 IRIG-B 码信号 1、外部输入的 IRIG-B 码信号 2 和内部守时单元，不配置卫星接收模块。主时钟插件为主机箱必配的插件，该插件装有卫星信号接收板和相应的接口处理电路，接口处理电路采用大规模 FPGA 作为管理运算单元，极大的提高了系统处理的灵活性和实时性，很大程度上的简化了硬件设计，却提高了设备的性能，在此基础上作的时间编码解码实时性很强，为秒外推运算提供了很好的平台，该插件的主要功能是管理 4 个输入通道的解码，管理 GPS 模块的运行，对外部要求格式进行编码，并输出到母板总线上。

主时钟插件后面板布置图如图 3-149 所示。

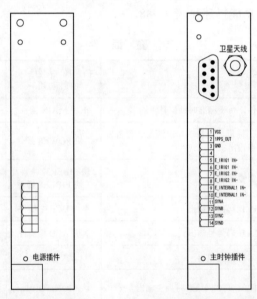

图 3-148　电源插件　　　　　图 3-149　主时钟插件后面板

卫星天线为 BNC 接口，主时钟模块的卫星天线信号由此接入，天线在现场安装时要求可靠连接，保证本装置能够比较好地接收卫星信号。应将卫星天线固定在视野尽可能开阔的地方，在可能的情况下尽量将天线固定在楼顶上，使天线安装的位置所能看到的天空面积尽量大，具体以天线蘑菇头为中心最小在 120°范围。

1PPS_OUT 为卫星接收模块的秒脉冲直接输出口，TTL 电平，驱动能力很有限。用户不能直接使用。E_IRIG1 IN+，E_IRIG1 IN−，E_IRIG2 IN+，E_IRIG2 IN−，为两个电 IRIG_B 码输入接口，内部结构如图 3−150 所示。

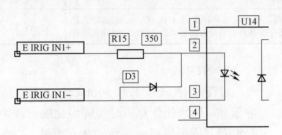

图 3−150　主时钟插件内部结构

卫星天线旁边的接口为 DB9 型的调试串口接口，为调试主时钟插件内的卫星接收模块时使用。SYNA 与 SYNB 为装置信号失效后的告警输出节点，当所有的卫星信号，外接光纤信号与内守时插件的输出时间信号均失效时，告警继电器开路输出；SYNC 与 SYND 为装置失电后的告警输出接点，当装置失电时告警继电器闭合输出。告警接点的电接口类型均为继电器空接点，接点耐压小于 250V DC，这两对告警接点均已连接到屏后 2D 接线端子。

主时钟插件（MAIN）首先解码接收的标准时钟源信号，监测其有效性，按最佳时间源切换策略来选择当前使用的基准时钟源，然后，编码输出（时、分、秒）脉冲、IRIG−B 码、串口信号、面板显示驱动信号到母板总线，供各类扩展输出插件使用。主时钟插件原理图如图 3−151 所示。

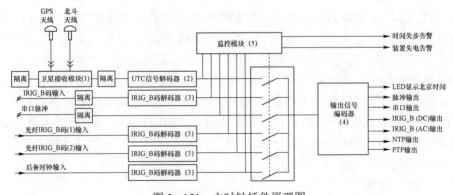

图 3−151　主时钟插件原理图

主时钟插件设有两对告警接点，接点容量 250V DC，100mA。告警接点说明见表 3−39。

表 3-39　　　　　　　　　告 警 接 点 说 明

含义	端子编号	告警状态
装置失电，继电器动作	SYNC、SYND	无源接点、闭合
当所有时钟源，包括卫星接收模块输出的 UTC 信号、外部输入的 IRIG-B 码信号及内部守时插件的输出时间信号均失效时，继电器动作	SYNA、SYNB	无源接点、断开

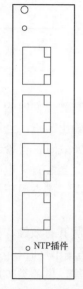

图 3-152　NTP 插件

3. NTP 板

NTP（Network Time Protocol，NTP）插件即网络时间服务器。是用来使计算机时间同步化的一种协议，它可以使计算机对其服务器或时钟源（如石英钟、GPS 等）做同步化，提供高精准度的时间校正（LAN 上与标准间差小于 1ms，WAN 上几十毫秒），且可采用加密确认的方式来防止恶毒的协议攻击。每个插件带有 4 个能够独立配置 IP 地址的 10/100M 自适应以太网口，可以实现不同网段的装置达到时间同步。客服端支持 WINDOWS9X、WINDOWS2000/NT/XP、LINUX、UNIX 等操作系统机 CISCO 的路由器与交换机等。其结构如图 3-152 所示。

支持网络协议：RFC867 Daytime Protocol，RFC868 Time Protocol，NTP V1，V2，V3，V4 和 SNTP 协议。

输出接口：网口 RJ45，4 路，10/100M 自适应以太网口。

用途：给电厂的 MIS 系统、SIS 厂级监控信息系统、工程师站及需要网络对时的系统进行对时。

4. PTP 板

PTP 插件即支持 IEEE 1588 "网络测量和控制系统的精密时钟同步协议标准" 的网络校时输出插件，配有 4 个 10/100M 的自适应以太网接口，结构如图 3-153 所示。电厂和电站最常见的时间同步方式时在每一个电厂、电站内分别都建立一套独立的时间系统，但是由于各个系统卫星接收机生产厂家不同，性能参数和输出时间精度也存在着很大的差异，随着时间的积累，各时间系统之间的时间偏差必然逐渐增大，进而无法满足时间同步的要求。而在电力 SDH 网络内利用 PTP 协议组建的时间同步网，可以实现多个变电站甚至时全省范围内的时间同步。

5. 光纤插件

光纤插件能够提供 4 路光纤 IRIG-B 码输出，输出接口为 ST 型多模，装置默认输出格式为 TTL 电平的 IRIG-B 码输出，特殊格式可按照用户要求定制，传输距离可达 1000m，如果需要传输更长的距离中间需要加中继器。插件能够同时提供 2 路光纤输入，对应于面板上的外时基 1 和外时基 2，能够解析的格式为 TTL 电平的 IRIG-B 格式。使用光纤传导时，亮对应高电平，灭对应低电平，由灭转亮的跳变对应准时沿。光纤插件如图 3-154 所示。

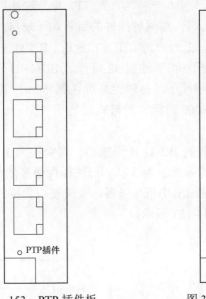

图 3-153　PTP 插件板　　　　　图 3-154　光纤插件

在本装置的实际应用中，该插件为连接主时钟装置与扩展时钟装置之间的纽带，时间信息由主时钟装置的光纤输出口，通过光缆连接到扩展时钟屏的光纤输入口，从而组成一个校时信息网。

6. 内守时插件

内守时插件为主机箱所有外接时间基准都失效时提供一个后备的时间输入，该插件为整个系统只提供一个，要求配置于主时钟柜内的主机箱内。如图 3-155 所示。

该插件内置高精度的恒温振荡器或是铷原子振荡器，采用先进的时间频率测控技术，使振荡器的输出频率精密同步在 GPS/北斗参考系统上，输出短期和长期稳定度都十分优良的高精度频率信号。当判断外接卫星信号不稳定或是不可用时，守时状态会自动切入工作系统，来保证装置继续对外提供高精度的频率与时间信号的输出。该插件

图 3-155　内守时插件

不对用户提供接口。

在守时精度上，使用恒温晶振的短期守时稳定率可达到 0.3μs/min，而使用铷原子钟的日稳定率则可以达到 3e-12/日。

7. DCB 码插件

直流 IRIG-B 码输出有 2 种，一种为直流 TTL 电平输出的 IRIG-B 码，一种为差分对输出的 IRIG-B 码，这两种插件的后背端子安排相同，具体标号为单数为正，双数为负，如 1、2 为一路输出，1 为正，2 为负。差分对输出为逻辑电平 1 表示高电平，每块插件可以输出 32 路直流 IRIG-B 码，各路的输出均已相互隔离。输出接口为接线端子，传输距离可达到 50m。其结构如图 3-156 所示。输出的 B 码为 IRIG B000 时间信息格式。

8. 调制 ACB 码插件

该插件为交流 1kHz 调制的 IRIG-B 码输出，调制比为 3:1，调制信号高电平的峰峰值为 10V，低电平的峰峰值为 3.3V，每块插件最多能够输出 16 路 ACB 码，输出阻抗为 600Ω。各路输出均相互隔离，输出接口为接线端子，传输距离可达到 500m。其结构如图 3-157 所示。

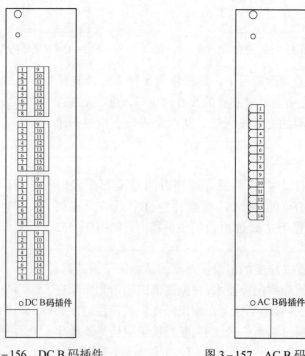

图 3-156　DC B 码插件　　　　图 3-157　AC B 码插件

9. 综合插件

综合插件为装置主要的对时信号输出插件，它可以同时输出串口报文信息和各种类型的脉冲信号。如图 3-158 所示。

（1）串口输出参数。串口输出类型为 RS 232、RS 422/485，波特率为 2400、4800、9600、19200bit/s，缺省值为 9600bit/s；数据位 8 位，停止位 1 位，无奇偶校验。

（2）串口时间报文格式。本装置默认的串口协议采用的是目前在电力系统中串口校时使用较多的一种格式。报文在发送时刻，每秒输出 1 帧。帧头为 #，与秒脉冲（1PPS）的前沿对齐，偏差小于 1μs。其输出信号与时间关系如图 3-159 所示。

（3）串口接线方式。所有的串口均已输出到 1D 接线端子排，如 1、2 为一对串口输出，当为 485 格式输出时，则 1 脚为 TX+，2 脚为 TX-；当为 232 格式输出时，则 1 脚为 TXD，2 脚为 GND。装置具体的接线方式可详见装置的出厂接线示意图。

（4）脉冲输出。综合插件同时输出脉冲信号，脉冲信号的类型可选择，分为分脉冲、秒脉冲和时脉冲，脉冲宽度为 100ms，脉冲正前沿表示是每秒的基准时刻，脉冲插件空接点允许采用最高 220V 电压，内部无输出限流电阻，最大电流允许 100mA。

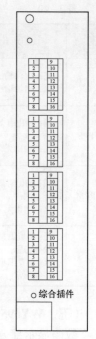

图 3-158 综合插件

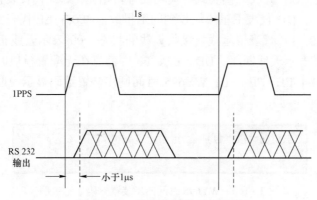

图 3-159 输出信号的时间关系

（四）WY695 时间同步装置指示灯说明

WY695 时间同步装置面板指示灯含义见表 3-40。

表 3-40　　　　　　　　　　面 板 指 示 灯 含 义

标记 1 （左列）	LED 指示	标记 2 （中列）	LED 指示	功能按钮 （右列）
电源	亮：电源输出有效； 灭：电源输出无效	GPS/北斗卫星接收模块	亮：装置输出以卫星模块为基准源； 灭：卫星模块基准无效； 闪：卫星模块基准有效	功能按钮处于隐藏状态，装置运行时按下相应按钮可以查看装置内部的状态信息以及对卫星模块做初始化处理
PPS	闪：输出有效，每秒闪烁一次； 灭：输出无效	外部输入 IRIG-B 码信号 1	亮：装置输出以外部输入 IRIG-B 码信号 1 为基准源； 灭：外部输入 IRIG-B 码信号 1 无效； 闪：外部输入 IRIG-B 码信号 1 有效	
PPM	闪：输出有效，每分闪烁一次； 灭：输出无效	外部输入 IRIG-B 码信号 2	亮：装置输出以外部输入 IRIG-B 码信号 2 为基准源； 灭：外部输入 IRIG-B 码信号 2 无效； 闪：外部输入 IRIG-B 码信号 2 有效	
告警	亮：装置卫星接收模块故障告警； 灭：装置卫星接收模块接收正常	内部守时单元输出信号	亮：装置输出以内部守时信号为基准源； 灭：内部守时信号无效； 闪：内部守时信号有效	

（五）WY695 时间同步装置数码显示说明

数码显示部分采用 18 个高亮数码管和驱动电路构成，装置正常工作时显示北京时间年、月、日、时、分、秒等信息，每秒更新一次，显示的方式为年年年年-月月-日日 时时-分分-秒秒，如 2012-10-01 23-59-59。在调试状态下显示装置的内部调试信息时，显示方式为 20（固定）A-BBB-CC DD-EE-FF。其中，A 代表装置的运行模式，1 代表主时钟模式，2 代表扩展时钟模式；BBB 代表内部配置的模块类型，gps 代表使用了 GPS 模块，cbd 代表使用了北斗模块，Err 代表无模块或者模块没有初始化；CC 代表装置前台程序的版本号，如 1.3；DD 代表卫星模块收到的卫星数，如 05；EE 代表卫星模块的定位状态，如 70；FF 代表卫星模块接收天线的状态，00 表示天线正常，01 表示天线短路，02 表示天线断路。DD、EE、FF 等信息在无配置模块时均显示 EE，如 202-Err-1.4 EE-EE-EE。WY695 时间同步装置数码显示说明如图 3-160所示。

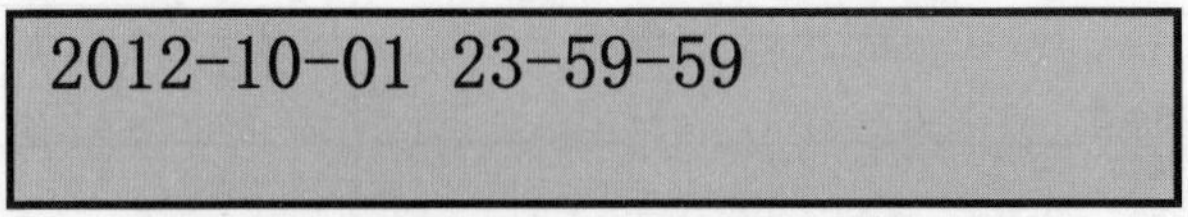

$$\boxed{2012\text{-}10\text{-}01\ \ 23\text{-}59\text{-}59}$$

图 3-160　WY695 时间同步装置数码显示说明

（六）WY695 时间同步装置按键及操作说明

WY695 时间同步装置在状态指示灯区域有四个切换按钮，如图 3-161 所示。

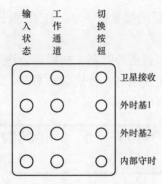

图 3-161　指示灯区域结构

　　通过四个按钮可进行通道切换，查看各个通道的状态信息，也可对卫星模块进行初始化处理。具体说明如下：

　　（1）装置在正常运行的状态下，数码管会显示时间和日期，每秒更新显示一次，显示更新时刻发生在每秒 0ms 时，显示的内容如图 3-162 所示。

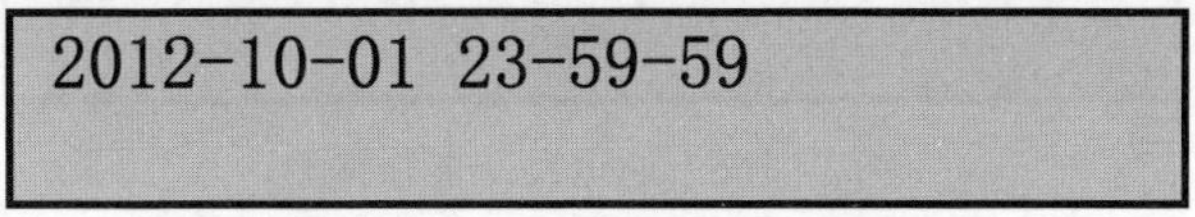

2012-10-01 23-59-59

图 3-162　正常状态下时间显示

　　（2）在装置正常运行状态下点击卫星接收处的按钮，会进入通道查看的界面，点击外时基 1 按钮可对通道进行切换，分别查看 GPS 和北斗的状态信息。GPS 通道状态信息如图 3-163 所示。

201-gps-2.9　　　　　05-70-00

图 3-163　GPS 通道状态信息

　　其中，201 代表主时钟模式；gps 代表 gps 通道信息；2.9 代表装置前台程序的版本号；05 代表目前卫星的搜星数为 5；70 代表卫星模块的定位状态，目前已锁定；00 代表天线状态。北斗通道信息状态如图 3-164 所示

201-cbd-2.9　　　　　02-51-00

图 3-164　北斗通道状态信息

　　其中，201 代表主时钟模式；cbd 代表北斗通道信息；2.9 代表装置前台程序

的版本号；02 代表目前卫星的搜星数为 2；51 代表卫星模块的定位状态，目前已锁定；00 代表天线状态。

（3）在通道查看界面，点击外时基 2 按钮，会进入通道对时误差查看界面，继续点击外时基 2 按钮可切换通道，分别查看 GPS、北斗、外时基 1、外时基 2 通道的对时误差。如图 3-165 所示。

201-01-0000   00000112

图 3-165   通道误差查看界面

其中 01～04 分别代表 GPS、北斗、外时基 1、外时基 2 四个通道，后面的数字代表误差信息，112 代表误差为+112，单位是纳秒（ns）。

如图 3-166 所示，代表 02 通道误差为-124ns。

201-02-9999   99999876

图 3-166   通道误差查看界面

（4）在通道查看界面，长按内部守时处的按键，会对对应的卫星模块进行初始化处理，重新开始接收解码卫星信息。

（七）WY695 时间同步装置配置说明

WY695 时间同步装置的 NTP/SNTP 的 IP 地址不能通过装置前面板直接设置，调试软件 NetComm 是用于配置 WY695 时间同步装置 NTP 网络授时参数的客户端软件，通过电脑连接板卡，再使用配置软件进行参数设置，具体配置说明如下：

（1）将笔记本电脑 IP 改为 192.168.10.8 网段。打开调试软件 NetComm.exe，点击第一排*********。相当于输入密码。

（2）拔出 NTP 插件，NTP 插针跳于 S3 上（调试状态）。把网线连接在 NTP 板的网口上。在调试状态下，网口的 IP 地址分别为 192.168.10.100+N，N 为第（0，1，2，3）网口。点击 new。会出现如图 3-167 所示的界面。

单击 OK，再点击 CRC，读出前台版本号即连接成功。

（3）点击操作下 NTP 服务器 SET。点击读取，若连接成功即可读取出 IP，将需要修改的 IP 地址、网关和掩码依次填入 NTP 服务器地址设置 IP 地址、网关和子网掩码三个输入框中，然后点击下载即完成相应网口 IP 地址修改，在调试软件上按图 3-168 设置，NTP 服务器广播等参数无须修改。

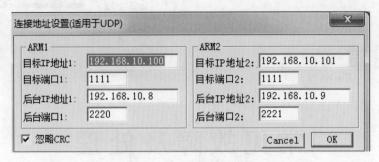

图 3-167　连接地址设置

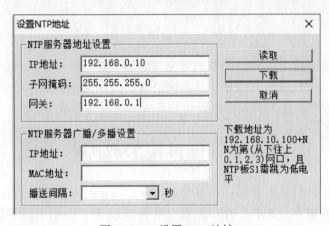

图 3-168　设置 NTP 地址

（4）下载成功后可拔出 NTP 版。更换跳针位置，改为跳 S3 下（运行状态）。再次将本机 IP 设置好更改后 IP 相应网段，CRC 读出版本。即可验证 NTP 板的 IP 地址已经修改成功。

第四章

常见故障及处理

本章主要介绍时间同步装置的常见故障类型及处理方法，通过对时间同步装置告警信息进行分析，快速定位故障点解决时间同步装置故障问题，通过时间同步装置典型故障案例提供排查和处理故障问题的思路和方法。

第一节　装置自检类故障及处理

时间同步装置状态异常、装置电源故障、通信异常等多数自检信息可以通过时间同步装置本身的状态指示灯以及告警日志进行明确的故障定位。时间同步装置的自检内容包括对程序软件的自检和对硬件的自检。触发装置故障及告警会点亮故障灯和告警灯，并且在装置状态及日志查询界面展现详细的故障和告警信息及其触发时间和原因，便于及时查看和处理。常见故障现象、原因分析及处理方法见表4−1。

表4−1　　　　　　　　　　常见故障现象、原因分析及处理方法

序号	故障现象	原因分析	处理方法
1	北斗、GPS 天线故障	天线短路或开路	（1）检查天线蘑菇头是否安装不当，导致接触不良。 （2）检查馈线接头是否接触不良。 （3）天线防雷器是否短路或开路
2	北斗、GPS 卫星接收模块状态异常	卫星接收模块故障	（1）检查卫星接收模块是否安装不当。 （2）硬件故障需更换卫星接收模块
3	屏幕熄灭指示灯不亮	供电异常或液晶插件故障	（1）查看装置是否装置失电。 （2）装置液晶板损坏。 （3）装置前面板排线损坏。 （4）检查是否缺少液晶程序配置文件。 （5）硬件故障更换电源插件或液晶插件
4	CPU 等核心板卡异常	板卡异常或故障	重启装置或更换 CPU 等核心插件

序号	故障现象	原因分析	处理方法
5	晶振驯服状态异常	晶振无法驯服或失去控制	重启装置或更换晶振
6	所有独立时源均不可用	所有独立时源包括北斗时源、GPS 时源、地面有线、热备信号均不可用	(1) 检查装置是否有对应的独立时源输入。 (2) 检查对应的独立时源状态是否有效
7	装置前面板按键没有反应	(1) 装置按键板与液晶面板管理插件之间排线松动或损坏。 (2) 按键损坏	更换液晶面板插件或排线
8	任何一路电源失电	装置电源失电	(1) 检查装置是否供电。 (2) 插件故障需更换电源插件
9	北斗、GPS 卫星失锁	北斗、GPS 锁定卫星数小于 4 颗	(1) 天线蘑菇头位置不合适,有建筑物遮挡。 (2) 线缆长度过长导致增益损耗过大,更换合适长度的线缆。 (3) 附近有其他信号的干扰
10	IRIG - B 码输入质量低于本机	任何一路 IRIG - B 码输入质量低于装置本身	检查对应 IRIG - B 码输出装置的对时情况
11	告警输出信号异常	告警输出板继电器损坏	(1) 检查告警输出插件的出口继电器。 (2) 更换相关告警输出插件

第二节　时间同步装置通信类故障及处理

时间同步装置将自身的状态信息以及被授时设备的对时状态和对时偏差上送至监控后台,通常使用 IEC 61850 规约和 IEC 104 规约进行上送,以便于后台实时监控各个设备的对时信息和运行状况。表 4-2 归纳总结了几个时间同步装置通信类故障现象,汇总多个设备生产厂家及运维检修单位的故障消缺经验,提供排查此类问题的方式方法。

表 4-2　　　　　　　　　　常见通信故障现象及排查方法

序号	故障现象	排查方法
1	时间同步装置与监控后台等客户端通信彻底中断	(1) 在监控后台、交换机、装置后网口进行 ping 测试,检查装置 IP 地址,确认物理链路正常。 (2) 检查时间同步装置是否运行正常,菜单是否可以正常进入,通信规约设置参数是否正确,检查装置网口指示灯是否闪烁。 (3) 如物理链路正常,检查时间同步装置是否添加后台的白名单中,检查通信端口是否正常开启。 (4) IEC 61850 规约通信,检查实例号是否冲突,如果多个客户端同时连接,则各个客户端的实例号不能重复。 (5) 抓取 MMS 报文做进一步分析

序号	故障现象	排查方法
2	时间同步装置与监控后台等客户端偶尔通信中断	（1）可能原因是时间同步装置通信，或者交换机网口异常等。 （2）时间同步装置自身通信程序异常退出后看门狗脚本将通信程序自重启导致通信链路断开重连。 （3）抓取 MMS 报文做进一步分析
3	时间同步装置与监控后台等客户端频繁时通时断	（1）检查 IP 地址或者 MAC 地址是否有冲突设置，若有重复 IP 地址或者 MAC 地址，请更正设置。 （2）抓取 MMS 报文做进一步分析
4	GOOSE 监测接收断链	（1）在装置状态菜单中查看一下报文接收状态。 （2）检查 GOOSE 光纤连接。 （3）检查交换机光口指示灯状态。 （4）截取报文查看是否有 GOOSE 报文送入 GOOSE 插件。 （5）查看配置文件 GOID、APPIP 等信息是否与报文中发送的一致。 （6）查看配置的 Vport 物理端口是否与实际接入网口一致。 （7）更换 GOOSE 插件
5	NTP 监测接收断链	（1）在装置状态菜单中查看一下 NTP 监测状态。 （2）检查 NTP 网线连接物理链路。 （3）检查交换机网口指示灯状态。 （4）查看配置信息，装置 IP 设置是否与被测设备在同一网段。 （5）抓包查看报文进一步分析。 （6）更换 NTP 监测插件
6	监测信息未能正常上送	（1）检查装置参数配置，监测功能是否开启，轮询周期是否设置正确。 （2）检查装置模型文件是否生成正确。 （3）检查物理链路连接。 （4）抓取报文做进一步分析
7	时间同步装置自身状态信息未能正常上送	（1）检查装置参数配置以及模型文件。 （2）在时间同步装置做对应遥信遥测信息变位，查看后台是否受到对应变位信息。 （3）检查物理链路连接。 （4）抓取报文进行进一步分析

第三节　时间同步装置对时异常类故障及处理

　　时间同步装置接收外部基准信号，同步解码后，将时间码重新转换为电力系统各类自动化装置及继电保护装置能够接收并同步的授时码，并对其授时。常见同步故障现象及排查方法见表4-3。

表4-3　　　　　　　　　常见同步故障现象及排查方法

序号	故障现象	排查方法
1	被授时设备 RS 485 IRIG-B 码对时异常	（1）检查时间同步装置是否已同步且可正常输出。 （2）检查对应的输出节点是否正确输出 IRIG-B 码信号，可用万用表直流电压档测量，正常输出为 1V 左右跳动。

序号	故障现象	排查方法
1	被授时设备 RS 485 IRIG-B 码对时异常	（3）检查物理链路是否正常，检查本侧及对侧 IRIG-B 码接线正负极有无接反。 （4）检查一路 RS 485 IRIG-B 码信号是否同时对多台设备授时，负载过多会影响对时质量
2	被授时设备光纤 IRIG-B 码对时异常	（1）检查光纤插件是否正常输出 IRIG-B 码信号。 （2）检查光纤链路有无断链，可在一侧打光，另一侧查看。 （3）用光功率计检测光纤输出口的发射功率是否满足要求。 （4）更换光纤或者插件板
3	被授时设备 TTL 脉冲信号对时异常	（1）检查时间同步装置是否正常输出 TTL 脉冲信号。 （2）检查物理链路是否正常
4	被授时设备静态空接点对时异常	（1）检查静态空接点信号是否输出正常。 （2）检查直流源是否正常工作。 （3）检查负载电阻能否满足电路工作电流的要求。 （4）更换合适的负载电阻或更换插件
5	被授时设备 RS 232 串行口时间报文对时异常	（1）用测试仪检查串口报文内容是否满足要求。 （2）检查装置配置，在串口信息设置界面，检查串口类型、串口波特率、校验位参数设置是否正确
6	NTP 网络对时异常	（1）检查装置是否运行正常，检查装置参数设置 IP 地址等通信参数是否设置正确，检查装置网口指示灯是否正常闪烁。 （2）检查物理链路是否正常，可在交换机，后台进行 ping 测试，确认物理链路正常。 （3）用笔记本电脑通过网线与 NTP 接口直连，电脑 IP 和 NTP 板卡 IP 设置为同一网段，手动给电脑对时进行验证。 （4）抓取报文做进一步分析

第四节　典型故障案例及分析

一、案例一：电 B 码对时线接入过多被授时设备导致对时异常

问题描述：某 220kV 变电站内 10kV 小室内的几台测控装置频繁发生对时异常，这几台测控装置都是由同一条 IRIG-B 码对时线并接的方式对时，时间同步装置本身输出正常。

分析原因：一般情况下，一根 RS 485 电平的 IRIG-B 码对时线只接一台设备。如果一根 IRIG-B 码对时线以并联的方式接入几台被授时设备，有可能导致负载过大，产生分流现象，造成每台被授时设备的 IRIG-B 码对时线的电流减小，无法正常的完成授时，导致频繁发出对时异常的告警信息。

解决方案：减少一根 IRIG-B 码对时线上并接的被授时设备，引入多根 IRIG-B 码对时线对测控装置进行对时。

经验总结：尽可能地做到一路 RS 485 电平的 IRIG-B 码信号接一台设备，如需接多台设备，则需考虑负载过多分流的情况。

二、案例二：抖动时间的不合理导致对时异常

问题描述：某 500kV 变电站内的保护和测控装置偶尔会发出对时异常的告警。

分析原因：检查时间同步装置本身的输出信号正常，装置本身无告警信息。发出对时异常告警信息的设备采用 RS 485 电平的 IRIG-B 码信号对时，大部分时间对时正常，偶尔会报出告警。经对授时信号进行采样分析发现，在调整本地时钟单元偏差时，调整步进超过了 200ns/s。

解决方案：修改抖动步进不超过 200ns/s，经现场测试验证问题得到解决。

经验总结：四统一时钟已明确了时间同步装置 IRIG-B 码抖动时间小于 200ns。而各变电站时钟厂家时间同步装置的出厂默认抖动时间不尽相同，建议将抖动时间进行规范管理，调整本地时钟单元偏差时，应采用逐渐逼近的方式调整，步长不超过 200ns/s。

三、案例三：轮询周期设置问题导致部分监测信息未上送

问题描述：某 220kV 变电站使用 NTP 监测功能监测被授时设备的对时状态，部分被授时设备的监测信息未能上送。

分析原因：只有一部分被授时设备的监测信息未能上送，其他设备的对时信息上送正常，基本排除通信线路的问题。考虑时间同步装置采用 NTP 方式监测对时偏差，检查装置定值配置，轮询周期设置过小，导致部分被监测设备未能上送。

解决方案：修改 NTP 监测的轮询周期为 1h，修改后监测信息正常上送。

经验总结：部分厂家在现场调试过程中会修改轮询周期，以便于调试，但在调试完成后应将轮询周期调回默认值，否则会影响监测信息的轮询与上送。

第五章

时间同步装置检测

第一节 输 出 信 号 检 测

一、时间同步信号输出状态检测

1. 技术要求及合格判据

（1）装置初始化状态不应有输出。

（2）装置跟踪锁定状态应有输出。

（3）装置守时保持状态应有输出。

2. 测试方法

（1）将时钟装置的输出信号直连到时间同步测试仪上，在时钟装置初始化期间，查看测试仪是否能接收到时钟装置的输出信号。

（2）将时钟装置的输出信号直接连接到测试仪上，当时钟装置与外部时间基准信号同步后，查看测试仪是否能接收到时钟装置的输出信号。

（3）在步骤（2）的基础上，断开外部所有的基准信号，使时钟装置进入守时状态，查看测试仪是否能接收到时钟装置的输出信号。

二、脉冲信号宽度检测

1. 技术要求及合格判据

脉冲信号宽度应在 10～200ms 范围内。

2. 测试方法

脉冲信号宽度检测测试环境如图 5-1 所示。

（1）按图 5-1 搭建测试环境，时间同步测试仪测量 PPS 信号的脉冲宽度。

（2）查看脉冲宽度，记录测量的最大值，查看是否在技术要求及合格判据允许的范围内。

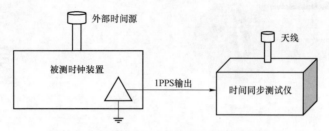

图 5-1 脉冲信号宽度检测测试环境

三、TTL 脉冲信号检测

1. 技术要求及合格判据

（1）脉冲宽度在 10～200ms 范围内。

（2）TTL 电平准时沿上升时间应不大于 100ns。

（3）上升沿的时间准确度应优于 1μs。

2. 测试方法

（1）按图 5-1 搭建测试环境，等待被测时钟装置锁定输出。

（2）选择时间同步测试仪的 TTL 电平测试接口或模式，测量 TTL 电平的上升时间和上升时间准确度，记录测量的最大值，查看是否在技术要求及合格判据允许的范围内。

四、静态空接点脉冲检测

1. 技术要求及合格判据

（1）静态空接点准时沿上升时间应不大于 1μs。

（2）上升沿的时间准确度应优于 3μs。

2. 测试方法

静态空接点脉冲检测测试环境如图 5-2 所示。

（1）按照图 5-2 搭建测试环境，按技术要求及合格判据的 I_{cc} 工作电流范围来计算外挂负载电阻大小为 $R_2 = (U/I_{cc}) - R_1$，其中 U 为直流源提供的电压，I_{cc} 为检测要求的电路工作电流，R_1 为空接点板内部电阻，R_2 为外挂负载电阻，4～5kΩ。

（2）将示波器探头的正极夹在负载电阻的高电势端，探头的负极夹在负载电阻的低电势端，将时钟输出的空接点 1PPS 信号与标准源提供的 1PPS 对比，测试被测空接点 1PPS 信号的上升时间、上升沿的时间准确度。

（3）记录 24V 空接点信号和 220V 空接点信号的上升时间、时间准确度的最大值，查看是否在技术要求及合格判据允许的范围内。

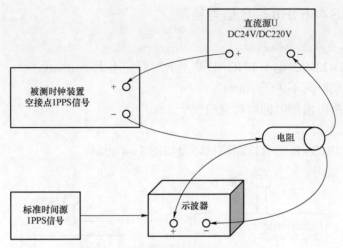

图5-2 静态空接点脉冲检测测试环境

五、IRIG-B 码元检测

1. 技术要求及合格判据

（1）IRIG-B 码应为每秒 1 帧，每帧含 100 个码元，每个码元 10ms。

（2）IRIG-B 码的码元信息应包含时区信息、时间质量信息（应使待测时钟在锁定状态及守时保持状态之间切换，观察时间质量信息的变化）、闰秒标识信息、SBS 信息。

2. 测试方法

IRIG-B 码的码元测试环境如图5-3所示。

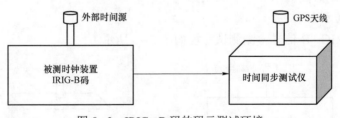

图5-3 IRIG-B 码的码元测试环境

（1）按图5-3搭建测试环境，将时钟装置输出的 IRIG-B 码信号接入时间同步测试仪，读取码元宽度，每个码元 10ms。

（2）查看时区信息、时间质量信息、闰秒标识信息、SBS 信息是否正确。

六、RS 485 IRIG-B 信号检测

1. 技术要求及合格判据

（1）RS 422/485 电平 IRIG-B 码上升时间应不大于 100ns。

（2）抖动时间不大于 200ns。

（3）秒准时沿的时间准确度应优于 1μs。

2. 测试方法

RS 485 IRIG-B 信号检测测试环境如图 5-4 所示。

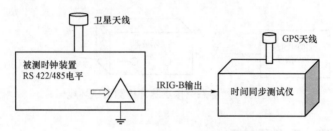

图 5-4　RS 485 IRIG-B 信号检测测试环境

（1）按图 5-4 搭建测试环境，等待被测时钟装置锁定输出。

（2）选择测试仪的 RS 485 电平测试接口或模式，测量上升时间和上升时间准确度，记录测量的最大值，查看是否在技术要求及合格判据允许的范围内。

七、光纤 IRIG-B 信号检测

1. 技术要求及合格判据

（1）光纤 IRIG-B 码上升沿的时间准确度应优于 1μs。

（2）抖动时间应不大于 200ns。

2. 测试方法

光纤 IRIG-B 信号检测测试环境如图 5-5 所示。

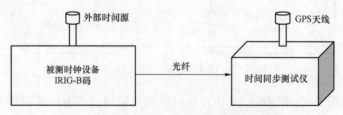

图 5-5　光纤 IRIG-B 信号检测测试环境

（1）按图 5-5 搭建测试环境，等待被测时钟装置锁定输出。

（2）选择测试仪的光纤测试接口或模式，测量上升时间准确度，记录测量

的最大值，查看是否在技术要求及合格判据允许的范围内。

八、串行口时间报文检测

1. 技术要求及合格判据

（1）RS 232C 串行口时间报文对时的时间准确度应优于 5ms。

（2）串口报文格式应包含时区信息、时间质量信息、闰秒标识信息和年、月、日、时、分、秒等时间信息。

2. 测试方法

串行口时间报文检测测试环境如图 5-6 所示。

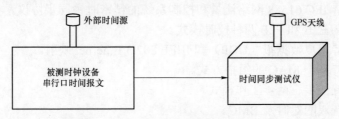

图 5-6 串行口时间报文检验测试环境

（1）按图 5-6 搭建测试环境，用时间同步测试仪查看串口报文内容是否满足技术要求及合格判据。

（2）在液晶前面板上从路径："参数设置"→"串口信息"，确认后进入串口信息设置界面，进入串口波特率设置，依次选择串口报文波特率为 1200bit/s、2400bit/s、4800bit/s、9600bit/s、19 200bit/s 进行测试，将不同波特率的串口报文信号依次接入时间同步测试仪，信号应都能正常解析出来。

九、NTP 信号检测

1. 技术要求及合格判据

（1）网络时间同步应支持客户端/服务器模式。

（2）网络对时报文对时的时间准确度优于 10ms。

2. 测试方法

NTP 信号检测测试环境如图 5-7 所示。

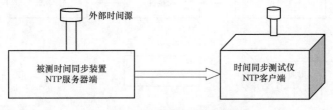

图 5-7 NTP 信号检测测试环境

（1）按图 5-7 搭建测试环境，将待测时钟与时间同步测试仪直连，被测时钟应工作于 NTP 的服务器模式，时间同步测试仪设置为相应的 NTP 客户端模式。被测时钟装置和时间同步测试仪均接入天线锁定输出。

（2）设置 IP 地址，保证测试仪与时钟装置在同一网段。

（3）时间同步测试仪测量 NTP 对时精度并记录。

十、PTP（精确网络时间同步）检测（可选）

1. 技术要求及合格判据

（1）功能应能满足下列要求：

1）支持 IEC 61588 网络测量和控制系统的精密时钟同步协议。

2）具备 E2E 和 P2P 两种授时模式。

3）支持用户数据报（UDP）和 IEEE 802.3/Ethernet 映射。

4）支持基于 MAC 的组播方式。

5）支持一步、两步工作模式。

6）支持双网对时及 BMC。

7）支持硬件报文过滤。

8）支持 PTP 从时钟对时状态的监测。

9）支持的事件报文包含 Sync、Delay_Req、Pdelay_Req、Pdelay_Resp。

10）支持的通用报文包含 Announce、Follow_Up、Delay_Resp、PDelay_Resp_Follow_Up）。

（2）PTP 授时精度应优于 1μs。

2. 测试方法

（1）按照图 5-8 搭建测试环境，根据主时钟和从时钟通信协议方式，时钟支持的模式分为主 E2E 一步法两层、主 E2E 两步法两层、主 P2P 一步法两层、主 P2P 两步法两层、从 E2E 一步法两层、从 E2E 两步法两层、从 P2P 一步法两层、从 P2P 两步法两层、主 E2E 一步法三层、主 E2E 两步法三层、主 P2P 一步法三层、主 P2P 两步法三层、从 P2P 一步法三层、从 P2P 两步法三层、从 E2E 一步法三层、从 E2E 两步法三层，共 16 种模式。E2E 模式下同步报文交换方式与 P2P 模式下同步报文交换方式分别如图 5-9 和图 5-10 所示。

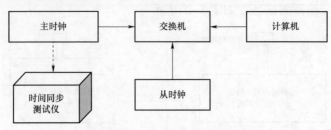

图 5-8　PTP 报文测试环境

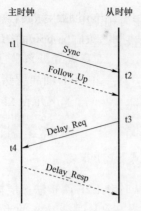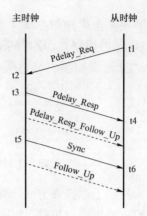

图 5-9　E2E 模式下同步报文交换方式　　　图 5-10　P2P 模式下同步报文交换方式

（2）设置时钟模式的方式：将时钟模式改为"主时钟 E2E 一步法两层模式"。在计算机上通过抓包工具"WireShark"抓取 PTP 报文。主时钟 E2E 一步法两层模式下 PTP 报文如图 5-11 所示。

```
5 67.763475          d4:9e:6d:ff:01:0b      Ieee1588_00:00:00      PTPv2      Sync Message
6 68.773467          d4:9e:6d:ff:01:0b      Ieee1588_00:00:00      PTPv2      Announce Message
7 68.773469          d4:9e:6d:ff:01:0b      Ieee1588_00:00:00      PTPv2      Sync Message
8 69.772798          Imerge_00:06:16        Ieee1588_00:00:00      PTPv2      Delay_Req Message
9 69.773173          d4:9e:6d:ff:01:0b      Ieee1588_00:00:00      PTPv2      Delay_Resp Message
```

```
⊟ Ethernet II, Src: d4:9e:6d:ff:01:0b (d4:9e:6d:ff:01:0b), Dst: Ieee1588_00:00:00 (01:1b:19:00:00:00)
  ⊞ Destination: Ieee1588_00:00:00 (01:1b:19:00:00:00)
  ⊞ Source: d4:9e:6d:ff:01:0b (d4:9e:6d:ff:01:0b)
    Type: PTPv2 over Ethernet (IEEE1588) (0x88f7)
⊟ Precision Time Protocol (IEEE1588)
  ⊞ 0000 .... = transportSpecific: 0x00
    .... 1011 = messageId: Announce Message (0x0b)
    .... 0010 = versionPTP: 2
    messageLength: 64
    subdomainNumber: 0
  ⊞ flags: 0x0000
```

图 5-11　主时钟 E2E 一步法两层模式下 PTP 报文

（3）按照上述操作方法，将时钟模式改为"主时钟 E2E 两步法两层模式"。在计算机上通过抓包工具"WireShark"抓取 PTP 报文。主时钟 E2E 两步法两层模式下 PTP 报文如图 5-12 所示。

```
8151 93.609962       d4:9e:6d:ff:01:0b      Ieee1588_00:00:00      PTPv2      Announce Message
8152 93.609964       d4:9e:6d:ff:01:0b      Ieee1588_00:00:00      PTPv2      Sync Message
8153 93.610540       d4:9e:6d:ff:01:0b      Ieee1588_00:00:00      PTPv2      Follow_Up Message
8154 94.609822       Imerge_00:06:16        Ieee1588_00:00:00      PTPv2      Delay_Req Message
8155 94.610324       d4:9e:6d:ff:01:0b      Ieee1588_00:00:00      PTPv2      Delay_Resp Message
```

图 5-12　主时钟 E2E 两步法两层模式下 PTP 报文

（4）按照上述操作方法，将时钟模式改为"主时钟 P2P 两步法两层模式"。在计算机上通过抓包工具"WireShark"抓取 PTP 报文。主时钟 P2P 两步法两层模式下 PTP 报文如图 5-13 所示。

4 0.016927000		d4:9e:6d:ff:01:0b	Ieee1588_00:00:00	PTPv2	Announce Message
5 0.016931000		d4:9e:6d:ff:01:0b	Ieee1588_00:00:00	PTPv2	Sync Message
6 0.017267000		d4:9e:6d:ff:01:0b	Ieee1588_00:00:00	PTPv2	Follow_Up Message
7 0.999753000		Imerge_00:06:16	LLDP_Multicast	PTPv2	Path_Delay_Req Message
8 1.000398000		d4:9e:6d:ff:01:0b	LLDP_Multicast	PTPv2	Path_Delay_Resp Message
9 1.000736000		d4:9e:6d:ff:01:0b	LLDP_Multicast	PTPv2	Path_Delay_Resp_Follow_Up Message

图 5-13 主时钟 P2P 两步法两层模式下 PTP 报文

（5）按照上述操作方法，将时钟模式改为"从时钟 E2E 两步法三层模式"。在计算机上通过抓包工具"WireShark"抓取 PTP 报文。从时钟 E2E 两步法三层模式下 PTP 报文如图 5-14 所示。

8 1.000146	192.168.1.216	224.0.1.129	PTPv2	Announce Message
9 1.032594	192.168.1.216	224.0.1.129	PTPv2	Sync Message
10 1.034144	192.168.1.216	224.0.1.129	PTPv2	Follow_Up Message
11 1.034488	192.168.0.100	224.0.1.129	PTPv2	Delay_Req Message
12 1.037052	192.168.1.216	224.0.1.129	PTPv2	Delay_Resp Message

```
⊟ Internet Protocol, Src: 192.168.1.216 (192.168.1.216), Dst: 224.0.1.129 (224.0.1.129)
    Version: 4
    Header length: 20 bytes
  ⊞ Differentiated Services Field: 0x00 (DSCP 0x00: Default; ECN: 0x00)
    Total Length: 92
    Identification: 0x0000 (0)
  ⊞ Flags: 0x02 (Don't Fragment)
    Fragment offset: 0
    Time to live: 1
    Protocol: UDP (17)
```

图 5-14 从时钟 E2E 两步法三层模式下 PTP 报文

（6）按照上述操作方法，将时钟模式改为"从时钟 P2P 两步法三层模式"。在计算机上通过抓包工具"WireShark"抓取 PTP 报文。从时钟 P2P 两步法三层模式下 PTP 报文如图 5-15 所示。

4 0.555505	192.168.1.216	224.0.1.129	PTPv2	Announce Message
5 0.556692	192.168.1.216	224.0.1.129	PTPv2	Sync Message
6 0.558412	192.168.1.216	224.0.1.129	PTPv2	Follow_Up Message
7 1.010250	192.168.0.100	224.0.1.129	PTPv2	Path_Delay_Req Message
8 1.012941	192.168.1.216	224.0.0.107	PTPv2	Path_Delay_Resp Message
9 1.014558	192.168.1.216	224.0.0.107	PTPv2	Path_Delay_Resp_Follow_Up Message

图 5-15 从时钟 P2P 两步法三层模式下 PTP 报文

（7）PTP 对时精度测量：将时钟出来的 PTP 信号接入时间同步测试仪网口，读取 PTP 对时精度。

（8）支持双网对时及 BMC：按图 5-16 搭建测试环境，将主钟 A 和主钟 B 同时接上天线后通过 PTP 给从钟授时，登陆主钟 B 对应网口的 WEB 界面，在 PTP 界面设置不同的 BMC 参数。在计算机上用抓包工具"WireShark"抓取 PTP

报文交互过程，此时主钟 B 应处于静默状态，不应给从时钟授时。

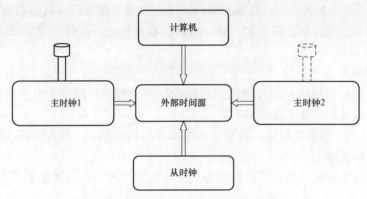

图 5-16　双网对时及 BMC 环境搭建

（9）然后将主钟 B 的 BMC 参数恢复至正常值，登陆主钟 A 对应网口的 WEB 界面，在 PTP 界面设置不同的 BMC 参数。在计算机上用抓包工具"WireShark"抓取 PTP 报文交互过程，此时主钟 A 应处于静默状态，不应给从时钟授时。

第二节　装置功能检测

一、面板布局检验

1. 技术要求及合格判据

（1）面板各区域之间的距离应符合规范要求，具体要求如图 5-17 所示。

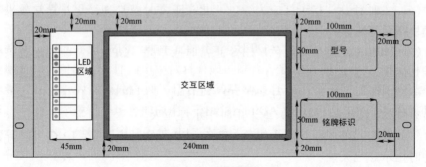

图 5-17　装置面板

（2）应具备至少 10 路 LED 标准定义指示灯，指示灯定义、排列顺序应为运行指示灯、故障指示灯、告警指示灯、同步指示灯、秒脉冲指示灯、北斗指示灯、GPS 指示灯、IRIG-B1 指示灯、IRIG-B2 指示灯、状态监测指示灯。

（3）液晶和按键（触摸屏）检验。要求液晶分辨率应不小于128×64点阵，尺寸应不小于3.5英寸；装置应采用液晶键盘形式且键盘应在液晶右侧；装置键盘应具备上、下、左、右、加、减、确认、取消按键。按键的印字和功能定义，见表3-3。

2. 测试方法

（1）面板布局检验。按照面板布局检验要求用直尺测量面板各区域之间的距离是否满足技术要求及合格判据。

（2）LED指示灯检验。按照技术要求及合格判据定义和顺序依次检查指示灯的数量和类型。

（3）液晶和按键检验。检验液晶尺寸和按键是否符合技术要求及合格判据。

二、LED指示灯功能检验

1. 技术要求及合格判据

（1）装置运行指示灯应为绿色，工作正常时（具备输出能力）应常亮，工作异常（装置同步后死掉无输出）时指示灯应灭。

（2）故障指示灯应为红色，装置存在故障，不可恢复或严重影响装置正常运行时应常亮，无故障时指示灯应灭，故障触发条件见附录B。

（3）告警指示灯应为黄色，装置存在异常，但可自行恢复或不影响装置正常运行时应常亮；无告警时指示灯灭；装置告警触发条件见附录B。

（4）同步指示灯应为绿色，装置与至少一路外基准源保持同步应常亮，装置未同步应灭。

（5）秒脉冲指示灯应为绿色，秒脉冲节拍输出应闪烁，无脉冲输出应灭。

（6）主时钟北斗指示灯应为绿色，北斗正常时应常亮，北斗异常或未配置该模块指示灯应灭。

（7）GPS指示灯应为绿色，GPS正常时应常亮，GPS异常或未配置该模块指示灯应灭。

（8）IRIG-B1指示灯应为绿色，IRIG-B1正常时应常亮，IRIG-B1异常（时间质量位为f或校验位异常）或未用时指示灯应灭。

（9）IRIG-B2指示灯应为绿色，IRIG-B2正常时应常亮，IRIG-B2异常或未用时指示灯应灭。

（10）状态监测工作指示灯应为绿色，状态监测功能正常时应常亮；状态监测异常或未启用状态监测功能时应灭。

2. 测试方法

（1）查看装置运行指示灯状态，检验装置正常工作时是否常亮。

（2）查看故障指示灯颜色，对于主时钟，断开GPS或BD天线电气连接，检验故障指示灯是否常亮，恢复天线电气连接，查看故障指示灯是否熄灭；对于从时钟，断开 CPU 等核心板卡，检验故障指示灯是否常亮，恢复板卡后，查看故障指示灯是否熄灭。

（3）查看告警指示灯颜色，断开装置一路电源，查看告警指示灯是否常亮，恢复双电源供电后，查看告警指示灯是否熄灭。

（4）查看同步指示灯颜色，当装置正常同步后查看指示灯是否常亮，断开装置同步信号，查看指示灯是否熄灭。

（5）查看秒脉冲指示灯颜色，当装置正常同步具有秒脉冲输出后，查看主指示灯是否闪烁；重启装置，查看装置在无秒脉冲输出之前指示灯是否一直保持熄灭状态。

（6）查看主时钟北斗指示灯颜色，当装置接收到的北斗信号正常时，查看指示灯是否常亮，断开北斗信号电气连接，查看指示灯是否熄灭。

（7）查看主时钟 GPS 指示灯颜色，当装置接收到的 GPS 信号正常时，查看指示灯是否常亮，断开 GPS 信号电气连接，查看指示灯是否熄灭。

（8）查看 IRIG–B1 指示灯颜色，当装置接收到 IRIG–B1 信号正常时指示灯应常亮，断开 IRIG–B1 信号，指示灯应熄灭。

（9）查看 IRIG–B2 指示灯颜色，当装置接收到 IRIG–B2 信号正常时指示灯应常亮，断开 IRIG–B2 信号，指示灯应熄灭。

（10）查看状态监测指示灯颜色，状态监测工作正常时应为绿色；关闭监测功能时应熄灭。

三、前面板常态界面信息检验

1. 技术要求及合格判据

装置前面板常态界面至少应显示年月日时分秒、时间基准、卫星颗数（或有线质量位）、主从模式等运行信息。常态界面元素建议相对位置如图 5–18 所示。其中时间基准显示内容应为以下内容之一：GPS（可用星数）、北斗（可用星数）、IRIG–B1（时间质量）、IRIG–B2（时间质量）。

图 5–18　装置前面板

2. 测试方法

（1）检验前面板显示的时间是否包含年月日时分秒信息。

（2）检验前面板有无当前基准信号显示。

（3）检验前面板有无主从模式运行信息。

（4）主时钟面板信息：检验有无卫星颗数，卫星颗数应与实际模拟卫星颗数一致。从时钟面板信息：检验有无有线信号质量位。

（5）检验前面板显示信息布局是否合理。

四、菜单功能检验

1. 技术要求及合格判据

装置第一级主菜单：装置状态、参数设置、日志查询、出厂信息。

（1）装置状态菜单检验要求。装置状态菜单定义见附录C；

（2）参数设置菜单检验要求。装置状态菜单定义见附录C；

（3）日志查询功能要求。能够正确显示至少最近 200 条的日志内容，每条日志内容应包括日志产生时间（年月日时分秒）及触发事件，日志记录内容定义见附录C。

（4）出厂信息菜单检验要求。

1）出厂信息菜单应提供的最少信息量包括软件版本、出厂日期、投运日期。

2）软件版本应能够正确显示装置基础软件版本信息。

3）出厂日期及投运日期仅可设置一次，首次设置宜直接调用装置当前时间。

2. 测试方法

（1）状态菜单检验。

1）查看状态菜单定义是否符合测试规范要求。

2）查看在电源状态正常及异常情况下，电源状态菜单信息显示是否正确。

3）查看在频率源驯服状态驯服/未驯服状态下，频率源驯服状态菜单显示信息是否正确。

4）告警状态：显示告警触发原因。

5）主时钟装置：在北斗信号正常和异常情况下查看北斗状态菜单信息是否正确；在 GPS 信号正常和异常情况下查看 GPS 状态菜单信息是否正确。

6）从时钟装置：在 IRIG-B1 信号正常和异常情况下查看 IRIG-B1 状态菜单信息是否正确；在 IRIG-B2 信号正常和异常情况下查看 IRIG-B2 状态菜单信息是否正确。

（2）参数设置菜单功能检验。

1）查看状态菜单定义是否符合测试规范要求。

2）分别对主从配置、串口信息、IP 配置、延迟补偿分别进行配置，查看配置后是否生效。

（3）日志查询功能检验。

1）查看日志菜单定义是否符合测试规范要求。日志信息显示格式应为：条目号+日期（年月日时分秒）+日志内容。

2）查看日志菜单内日志记录信息，日志记录应大于 200 条，若不足 200 条，则模拟相关日志触发事件，使日志记录大于 200 条，记录日志最大存储条目数。

（4）出厂信息菜单功能检验。

1）查看出厂信息菜单定义是否符合测试规范要求。

2）查看出厂信息菜单中是否包含软件版本、出厂日期、投运日期信息。

3）查看装置软件版本信息。

4）设置出厂日期及投运日期，并查看是否可重复设置。

五、告警输出功能检验

1. 技术要求及合格判据

（1）断开装置任一电源，装置应能正确告警。

（2）装置发生故障时，装置应能正确告警（见附录 B）。

2. 测试方法

（1）分别断开单个电源，利用万用表测试电源告警接点输出。

（2）参考附录 B，模拟装置故障状态，利用万用表测试告警接点输出。

六、输入延时输出延迟补偿功能检验

1. 技术要求及合格判据

装置应具有输入延时/输出延迟补偿功能。

2. 测试方法

（1）输入延迟补偿测试。

1）当时间同步装置完成时间同步后，进入"装置状态"→"北斗状态"/"GPS 状态""IRIG－B1 状态"/"IRIG－B2 状态"，查看每个时钟源实时差值，记录差值 a。

2）进入装置输入延迟补偿界面，设置某个时钟源（北斗时源、GPS 时源、IRIG－B1 时源、IRIG－B2 时源）输入延迟值 b。

3）重新进入"装置状态"→"北斗状态"/"GPS 状态""IRIG－B1 状态"/"IRIG－B2 状态"界面，被设置延迟的时源实时差值应该是 $a+b$。

（2）输出延迟补偿测试。

1）当时间同步装置完成时间同步后，将输出的时间信号（建议 IRIG－B 码信号）直接连接到测试仪上，记录当前输出信号的时间准确度 A1。

2）设置时间同步装置输出延迟补偿整定值Δt，测量被测时钟整定后的时间输出的准确度 A2。

3）查看 A1 与 A2 的改变量是否约为Δt。

七、主时钟时源选择及切换功能检验

1. 技术要求及合格判据

（1）主时钟开机初始化及守时恢复多源选择不考虑本地时钟，仅两两比较外部时源之间的时钟差，时钟差测量表示范围应覆盖年月日时分秒毫秒微秒纳秒，具体选择逻辑见附录 D。

（2）主时钟运行状态的多源选择逻辑应考虑本地时钟，两两比较各个时源之间的时钟差，时钟差测量表示范围应覆盖年月日时分秒毫秒微秒纳秒，具体选择逻辑见附录 D。

（3）主时钟在正常工作阶段或从守时恢复锁定或时源切换时，不应采用瞬间跳变的方式跟踪，而应采取逐渐逼近的方式，输出调整过程应均匀平滑，滑动步进 200ns/s（切换后正常跟踪需要的微调量可小于该值），调整过程中相应的时间质量位随着输出调整应逐级收敛直至 0。而在初始化阶段，因在锁定信号前禁止时间信号输出，可快速跟踪选定的时源后输出时间信号。

2. 测试方法

（1）主时钟时源选择及源切换如图 5-19 所示，使用输入延迟补偿功能分别模拟附录 D 中北斗、GPS、有线时间基准信号之间的逻辑关系：

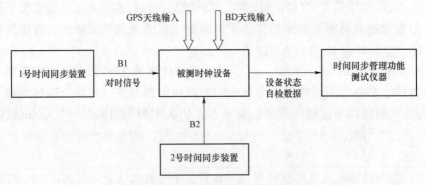

图 5-19　主时钟时源选择及源切换

1）北斗信号有效，GPS 信号有效，有线时间基准信号有效。

2）北斗信号有效，GPS 信号有效，有线时间基准信号无效。

3）北斗信号有效，GPS 信号无效，有线时间基准信号有效。

4）北斗信号无效，GPS 信号有效，有线时间基准信号有效。

5）北斗信号有效，GPS 信号无效，有线时间基准信号无效。

6）北斗信号无效，GPS 信号有效，有线时间基准信号无效。

7）北斗信号无效，GPS 信号无效，有线时间基准信号有效。

8）北斗信号无效，GPS 信号无效，有线时间基准信号无效。

（2）主时钟运行态多时源选择逻辑检验。利用输入延迟补偿功能分别模拟附录 D 中北斗、GPS、有线时间基准信号之间的逻辑关系：

1）主时钟在 3 路有效独立外部时源的逻辑选择。

2）主时钟在 2 路有效独立外部时源的逻辑选择。

3）主时钟在 1 路有效独立外部时源的逻辑选择。

4）主时钟在 0 路有效独立外部时源的逻辑选择。

（3）使时钟装置正常同步外部时源信号，时钟装置完成同步后，利用时间同步测试仪查看时钟装置输出信号的时间准确度 A1，仅保留 B1 输入信号作为时钟装置基准时源信号，断开其他外部时源信号，利用输出延迟补偿功能，每次将输出延时调整增加 4μs，连续调整 6 次，使时钟装置和测试仪的偏差约为 24μs，断开有线输入信号，恢复 GPS 信号和北斗信号并开始计时，直到测试仪测得的时钟装置时间准确度恢复到 A1 附近（小于 1μs）为止，记录调整 24μs 所用的时间。

八、从时钟时源选择及切换功能检验

1. 技术要求及合格判据

（1）从时钟外部输入 IRIG-B 码信号优先级应可设置，默认主时钟 1 信号优先级高于主时钟 2 信号，主时钟 1 的 IRIG-B 信号时间质量表示为 A，主时钟 2 的 IRIG-B 信号时间质量为 B。在两路输入时源时间质量相等的情况下选择高优先级的 IRIG-B 信号作为基准时源，其余条件选择时间质量数值较低的时源作为基准。具体时源选择逻辑见表 5-1。

表 5-1　　　　　　　　从时钟时源选择测试场景及判决逻辑

测试场景序号	IRIG-B1 时间质量为 A；IRIG-B2 时间质量为 B	从钟时源选择判决逻辑	从钟输出信号的时间质量
1	A=B	选择 A（高优先级 IRIG-B 信号）	A
2	A<B	选择 A	A
3	A>B	选择 B	B
4	无效	守时	>2（根据守时性能增加）

（2）从时钟在正常工作阶段或从守时恢复锁定或时源切换时，不应采用瞬

间跳变的方式跟踪，而应采用逐渐逼近的方式，输出调整过程应均匀平滑，滑动步进0.2μs/s（切换后正常跟踪需要的微调量可小于该值），调整过程中相应的时间质量位应同步逐级收敛。而在初始化阶段，因在锁定信号前禁止时间信号输出，可快速跟踪选定的时源后输出时间信号。

2. 测试方法

（1）从时钟时源选择及源切换如图5-20所示，利用输出延迟补偿功能模拟Q/GDW 11539《电力系统时间同步及监测技术规范》6.6.1中表4的工作逻辑，查看从时钟在初始化状态、守时状态及运行状态的基准信号选择是否与规定的一致。

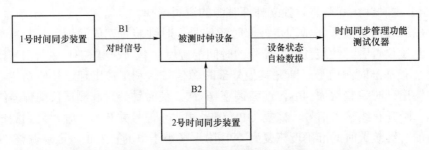

图5-20　从时钟时源选择及源切换

（2）使从时钟装置正常同步外部时源信号，时钟装置完成同步后，利用时间同步测试仪查看从时钟装置输出信号的时间准确度A1，仅保留时间同步系统测试仪的一个有线输入信号作为时钟装置基准时源信号，断开其他外部时源信号，利用时间同步系统测试仪输出延迟功能，每次将输出延迟调整增加4μs，连续调整6次，使时钟装置和测试仪的偏差约24μs，断开有线输入信号，恢复两路正常的有线时间输入信号并开始计时，直到测试仪测得的装置时间准确度恢复到A1附近为止，记录调整24μs所用的时间。

九、主时钟闰秒处理功能检验

1. 技术要求及合格判据

装置显示时间应与内部时间一致。当闰秒发生时，装置应正常响应闰秒，且不应发生时间跳变等异常行为，闰秒预告位应在闰秒来临前最后1min内的00s置1，在闰秒到来后的00 s置0，闰秒标志位置0表示正闰秒，置1表示负闰秒。闰秒处理方式如下：

（1）正闰秒处理方式：----→57s→58s→59s→60s→00s→01s→02s----。

（2）负闰秒处理方式：----→57s→58s→00s→01s→02s----。

（3）闰秒处理应在北京时间1月1日7时59分、7月1日7时59分两个时间内完成调整。

2. 测试方法

（1）按照图 5-21 搭建测试环境。

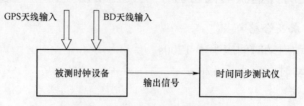

图 5-21　主时钟闰秒测试环境搭建

（2）用模拟器分别模拟 GPS、北斗信号正闰秒和负闰秒发生的场景。

（3）检验主时钟装置的装置面板显示时间处理是否正确。

（4）检验主时钟装置的输出信号的闰秒信息是否正确。需要测试的输出信号主要包括 B 码信号、NTP 对时信号、串口报文信号。

十、从时钟闰秒处理功能检验

1. 技术要求及合格判据

装置显示时间应与内部时间一致。当闰秒发生时，装置应正常响应闰秒，且不应发生时间跳变等异常行为,闰秒预告位应在闰秒来临前最后 1min 内的 00s 置 1，在闰秒到来后的 00s 置 0，闰秒标志位置 0 表示正闰秒，置 1 表示负闰秒。闰秒处理方式如下：

（1）正闰秒处理方式：----→57s→58s→59s→60s→00s→01s→02s----。

（2）负闰秒处理方式：----→57s→58s→00s→01s→02s----。

（3）闰秒处理应在北京时间 1 月 1 日 7 时 59 分、7 月 1 日 7 时 59 分两个时间内完成调整。

2. 测试方法

（1）按照图 5-22 搭建测试环境。

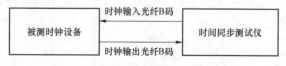

图 5-22　从时钟闰秒测试环境搭建

（2）用时间同步系统测试仪模拟有线时间信号的正闰秒和负闰秒发生的场景。

（3）检验从时钟装置的装置面板显示时间处理是否正确。

（4）检验从时钟装置的输出信号的闰秒信息是否正确。需要测试的输出信号主要包括 B 码信号、NTP 对时信号、串口报文信号。

十一、主时钟捕获时间检验

1. 技术要求及合格判据

（1）冷启动启动时间应小于 1200s。

（2）热启动时间应小于 120s。

2. 测试方法

（1）按照图 5-23 搭建测试环境。

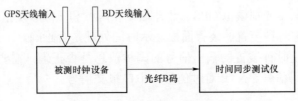

图 5-23　主时钟捕获时间检验

（2）在装置断电情况下接入天线，然后给装置上电，记录装置上电时刻 T_1。

（3）当同步灯亮时，记录下信号输出时刻 T2。可得出冷启动时间为 T_2-T_1。

（4）将卫星天线拔掉，装置北斗/GPS 灯应熄灭，5min 后重新接入天线，记录下此刻时间为 T_3；

（5）当北斗/GPS 亮时，记录时间为 T_4。可得出装置热启动时间为：T_4-T_3。

十二、守时性能检验

1. 技术要求及合格判据

预热时间两小时，在守时 12h 状态下的时间准确度应优于 1μs/h。

2. 测试方法

（1）分别按图 5-24 和图 5-25 搭建主时钟守时测试环境和从时钟守时测试环境，将被测时钟装置接入外部时间源后上电，记录下装置上电时刻时间，使装置进入预热阶段。

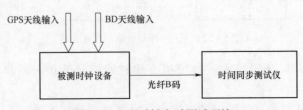

图 5-24　主时钟守时测试环境

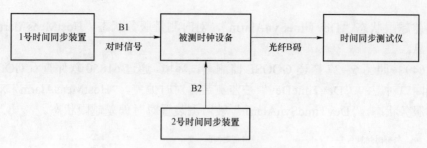

图 5-25　从时钟守时测试环境

（2）把时钟输出的 IRIG-B 码接入时间同步测试仪，记录下装置在守时前的时间准确度 T_1。

（3）时钟装置到达预热时间后立即断开外部时间源，使被测时钟装置进入守时状态，继续运行至少 12h，连续测试时钟装置输出时间准确度。

（4）记录装置守时 12h 后的时间准确度 T_2，则守时精度为 $|T_2-T_1|/12$，查看守时精度是否在技术要求及合格判据范围内。

十三、监测性能检验

1. 技术要求及合格判据

（1）NTP 乒乓监测精度应优于 1ms。

（2）GOOSE 乒乓监测精度应优于 1ms。

2. 测试方法

（1）设置时钟 NTP 监测参数，如 IEDname 和 IP 地址；设置 GOOSE 监测参数，如 appid 等；在液晶界面设置 NTP 监测阀值 10ms，GOOSE 监测阀值 10ms，监测周期 10s。

（2）按照图 5-26 搭建 NTP 监测测试环境，通过 61850 软件查看对应 NTP 监测网口的被监测装置对时偏差"DevTimeDev"，被监测装置对时偏差越限状态"DevTimeSynAlarm"，对时测量服务状态"HostMeasAlarm"等信息。

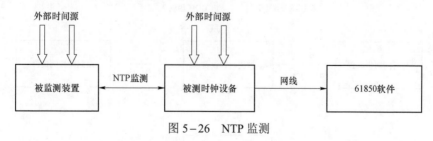

图 5-26　NTP 监测

（3）设置被监测装置输入信号延迟 11ms，并重启时钟装置，待装置锁定输出后通过 61850 软件查看被监测装置对时偏差"DevTimeDev"，被监测装置对时偏差越限状态"DevTimeSynAlarm"，对时测量服务状态"HostMeasAlarm"等信息。

（4）按照图 5-27 搭建 GOOSE 监测测试环境，通过 61850 软件查看 GOOSE 监测网口对应的"DevTimeDev"被监测装置对时偏差，"HostMeasAlarm"对时测量服务状态，"DevTimeSynAlarm"被监测装置对时偏差越限状态。

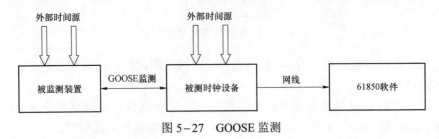

图 5-27　GOOSE 监测

（5）设置被监测装置输入信号延迟 11ms，并重启时钟装置，通过 61850 软件查看 GOOSE 监测网口对应的"DevTimeDev"被监测装置对时偏差，"HostMeasAlarm"对时测量服务状态，"DevTimeSynAlarm"被监测装置对时偏差越限状态。

十四、连续运行稳定性测试

1. 技术要求及合格判据

时间同步设备或系统应能 72h 连续正常通电运行，功能和性能与连续通电前保持一致。

2. 测试方法

（1）分别按照图 5-28 和图 5-29 搭建主时钟连续稳定运行环境和从时钟连续稳定运行环境，将被测时钟设备接入外部时间源进行锁定输出，时钟装置进入正常同步工作状态后，将装置输出的时间同步信号接入时间同步测试仪。

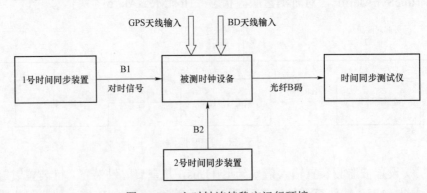

图 5-28　主时钟连续稳定运行环境

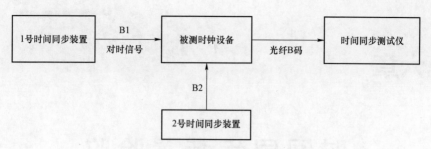

图 5-29 从时钟连续稳定运行环境

（2）开启记录功能，在装置连续运行 72h 期间连续记录被测设备输出信号的时间准确度。

（3）查看被测时钟装置在连续运行过程中是否出现死机和重启现象，输出信号的时间准确度是否优于 1μs。

十五、时间同步测试报告

时间同步测试报告见附录 E。

第六章

时间同步装置验收

时间同步装置验收宜与站控层其他部分（监控系统、远动系统、PMU 系统等）关联进行。本章介绍了时间同步装置在变电站安装调试过程中的验收内容以及相关技术要求，并列举现场验收细则。

第一节 总 体 要 求

一、外观验收

（1）装置应具备至少 2 个独立站控层 SNTP 网络对时接口，应具备至少 2 个独立站控层时间同步状态监测接口，站控层 SNTP 接口与时间同步状态监测接口宜采用合一的接口方式。

（2）应采用冗余配置的不间断电源（UPS）或站内直流电源供电，应保证直流母线在切换时不停电。具备双电源模块的装置，两个电源模块应由不同电源供电。

（3）天线应安装在室外屋顶，安装位置视野开阔。天线接口应配备独立防雷器，满足防雷和接地要求。

二、主要功能及性能验收

1. 配置原则

110kV 及以上电压等级变电站应配置一套时间同步系统，并按照双主钟方式进行设计；35kV 变电站根据工程需要配置时间同步装置。

每台主时钟应能接收 BDS 信号、GPS 信号、有线时间基准信号以及两台主时钟互联的热备信号。从时钟应能同时接收双主时钟的时间基准信号。

2. 授时功能

应支持北斗和 GPS 授时，并优先选择北斗。锁定卫星数不小于 4 颗、时间标志位正确。主时钟外部独立时间源信号优先级应可设置，优先级为：北斗＞GPS＞地面有线。北斗导航系统天线宜使用 TNC 接口馈线连接，GPS 导航系统宜使用 BNC 接口馈线连接。

3．状态监测功能

（1）外部时间基准信号指示应正常；切换外部时钟基准信号，指示应有相应变化。

（2）应显示状态监测实时信息，包括：各路时间源信号状态、当前接收到卫星颗数、天线状态、卫星接收模块状态、时间源选择、电源模块状态等。

4．失电告警功能

（1）装置应具备失电告警信号，至少具备 1 组常闭接点。装置应具备故障告警信号，至少具备 1 组常开接点。

（2）模拟 B 码消失，外部 B 码信号消失告警接点应动作。

5．时钟扩展单元性能

（1）时钟扩展单元的时间信号由主钟通过光接口输入，应支持 A、B 路输入，两路间自动切换。

（2）时钟扩展单元应具有延时补偿功能，用来补偿主钟到扩展单元间传输介质引入的时延。

（3）时钟扩展单元应具备自诊断功能，并支持通过本地人机界面、外部信息接口显示信息、设置配置参数。

（4）应支持北斗和 GPS 授时，并优先选择北斗。锁定卫星数不小于 4 颗、时间标志位正确。主时钟外部独立时间源信号优先级应可设置，优先级为北斗＞GPS＞地面有线。北斗导航系统天线宜使用 TNC 接口馈线连接，GPS 导航系统宜使用 BNC 接口馈线连接。

6．守时功能

在失去外部时间基准信号时具备守时功能。守时性能在 12h 内应优于 1μs/h。

7．全站对时

全站二次设备对时应正常。

第二节　现场联调验收

一、时间同步系统技术要求

1．时间同步装置

（1）时间同步装置应配置为双电源工作模式，每块电源均能独立支持装置正常运行。两块电源间进行切换时不影响装置正常运行。

（2）装置面板上应有下列信息显示：

1）电源状态指示。

2）年、月、日、时、分、秒（北京时间）等时间信息。

3）外部时间基准信号状态指示。

4）当前使用的时间基准信号。

5）异常状态显示。

6）可见卫星数显示。

7）应具有参数设置、软件版本查询、日志信息存储、查询等功能。

（3）装置在初始化阶段，不应输出时间信号。

（4）装置输出的时间同步信号应包括脉冲信号、IRIG-B（DC）码、串行口时间报文、网络时间报文等。

（5）装置应有电源中断告警、故障状态告警的告警接点输出。

（6）如果输出 NTP 或 SNTP 时间同步信号，不同网络接口之间应实现物理隔离。

2. 传输介质

（1）传输介质应能满足被授时设备对时间信号质量的要求，宜采用多模光纤、同轴电缆、屏蔽控制电缆、双绞线等传输介质。

（2）天基授时接收天线、有线时间基准信号的传输应采用同轴电缆。

（3）主时钟、从时钟之间的传输宜采用多模光纤介质传输。

（4）IRIG-B（DC）码传输宜采用多模光纤或屏蔽控制电缆。

（5）RS 232C、RS 485、静态空接点脉冲信号的传输宜采用屏蔽控制电缆。

（6）网络时间报文的传输宜采用双绞线。

3. 信息传输

（1）主时钟之间、主时钟与从时钟之间的信息传输应采用 IRIG-B（DC）码。

（2）与间隔层、过程层设备之间信息传输宜采用 IRIG-B（DC）码。

（3）与站控层设备之间的信息传输宜采用 SNTP 或 NTP。

（4）在具备状态信息自检能力的厂站，应支持 DL/T 860《电力自动化通信网络和系统》要求的报告服务，应能按 GB/T 33591《智能变电站时间同步系统及设备技术规范》中的建模要求与客户端通信。

4. 时间同步输出信号

（1）脉冲信号应采用上升沿作为准时沿。

（2）IRIG-B（DC）码格式按照 DL/T 1100.1《电力系统时间同步系统　第1部分：技术规范》的规定执行，宜采用上升沿作为准时沿。

（3）串行口时间报文按照 DL/T 1100.1《电力系统时间同步系统　第1部分：技术规范》的要求执行。

（4）NTP 和 SNTP 网络报文格式按照 DL/T 1100.1《电力系统时间同步系统第 1 部分：技术规范》的规定执行。

（5）时间同步输出信号的时间质量码应满足以下要求：

1）选择热备信号为基准信号时，本地时钟输出的时间质量码应在热备信号时间质量码的基础上增加 2。

2）从时钟输出的时间质量码应与接收的时间基准信号时间质量码一致。

3）时间同步系统在自守时过程中，输出信号的时间质量码应根据守时时间逐渐增加。

4）时间同步系统由守时转为跟踪基准信号过程中，输出信号的时间质量码应根据钟差减小逐渐减少。

5. 系统运行

（1）系统在运行时，应以本地时钟守时信号为基准，采取步进方式跟踪外部时间基准信号，同时输出时间信号应连续、无跳变。

（2）系统应具有守时功能，当外部基准信号异常或丢失时，应采用本地时钟守时输出，且输出时间信号应连续、无跳变。

（3）系统在主钟、从时钟的基准信号切换时，输出时间信号应连续、无跳变。

（4）系统应能正确处理闰秒，并输出闰秒预告，不应产生错误的时间信号，且输出时间信号应连续、无跳变。

（5）系统运行时应具有基准信号、时间信息、故障等运行状态指示。

二、装置基本功能验收

1. 装置基本功能

（1）检查项目及标准。

1）具有输入传输延时补偿功能。

2）具有自复位能力。同步对时系统复位时应不输出时间同步信号，复位后应能恢复正常工作。

3）面板上应有下列信息显示：

a. 电源状态指示。

b. 时间同步信号输出指示。

c. 外部时间基准信号状态指示。

d. 故障信息指示。

e. 当前使用的时间基准信号。

f. 年、月、日、时、分、秒（北京时间）。

g. 可见卫星数指示。

4）应具备版本管理功能，可显示版本号。

（2）检查方法。

1）输入传输延时补偿功能。通过面板液晶设置 500ns（任意可选）的延时，使用时钟测试仪测试 IRIG-B（DC）码设置前后的时间偏移。

2）检查自复位功能。手动按下装置复位按钮或复位选项，查看装置是否复位重启并正常运行。

3）检查面板信息配置和显示功能。

a. 电源状态指示（正常：常亮；故障：熄灭）。

b. 时钟同信号输出指示（正常：PPS 灯同步闪烁或其他指示；故障：熄灭或常亮）。

c. 外部时间基准信号状态指示（正常：锁定灯常亮或具备其他指示；故障：无显示）。

d. 故障信息（正常：丢失外部时间基准后告警灯常亮或其他指示；故障：无显示）。

e. 当前使用的时间基准信号（正常：显示当前跟踪或锁定某时间基准，如GPS；故障：无显示）。

f. 年、月、日、时、分、秒显示（显示北京时间）。

g. 可见卫星数指示（正常：显示当前跟踪或锁定卫星颗数；故障：无显示）。

4）检查版本号。通过液晶或其他方式查看装置版本号。

2. 硬件及接口配置

（1）检查项目及标准。以下为示例，输出接口类型及数量根据实际工程被授时装置需求确定。

1）主时钟接收机：内置 BD+GPS 接收机（含天馈线）。

2）主时钟输入接口。

a. 2 个卫星输入接口（1 个 GPS 接口和 1 个 BD 接口）。

b. 2 个 IRIG-B（DC）输入接口。

c. 其他时间信号接口（以太网接口，光接口或电接口）。

3）主时钟输出接口。

a. 光纤接口（可配置输出 IRIG-B（DC）和脉冲信号）。

b. TTL 接口（可配置输出 IRIG-B（DC）和脉冲信号）。

c. RS 485 接口（可配置输出 IRIG-B（DC）和脉冲信号）。

d. RS 232 接口（输出串口对时报文）。

e. 静态空节点接口（输出脉冲信号）。

f. 网络接口（NTP、SNTP 或 PTP）。

4）从时钟输入接口。2 个 IRIG-B（DC）输入接口。

5）从时钟对时输出接口。

a. 光纤接口（可配置输出 IRIG-B（DC）和脉冲信号）。

b. TTL 接口（可配置输出 IRIG-B（DC）和脉冲信号）。

c. RS 485 接口（可配置输出 IRIG-B（DC）和脉冲信号）。

d. RS 232 接口（输出串口对时报文）。

e. 静态空节点接口（输出脉冲信号）。

f. 网络接口（NTP、SNTP 或 PTP）。

（2）检查方法。检查装置元器件是否和提交的关键元器件信息表一致；检查对时系统运行是否正常、稳定。

3. 接收器和天线检查

（1）检查项目及标准。

1）同步跟踪测试：冷起动时，不少于 4 颗；热起动时，不少于 1 颗卫星。

2）北斗捕获时间测试：热起动小于 2min，冷起动小于 20min。

3）GPS 捕获时间测试：热起动小于 2min，冷起动小于 20min。

（2）检查方法。

1）在装置断电情况下接入天线，然后给装置上电，记录装置上电时刻 T1；当同步灯亮时，记录下信号输出时刻 T2，可得出冷启动时间为 T_2-T_1。

2）将卫星天线拔掉，装置北斗/GPS 灯应熄灭，5min 后重新接入天线，记录下此刻时间为 T_3，当北斗/GPS 亮时，记录时间为 T_4，可得出装置热启动时间为 T_4-T_3。

检查冷启动、热启动时间是否满足要求。

4. 工作电源

（1）检查项目及标准。

1）交流电源：电压 220V，允许偏差为 -20%～+15%；频率：50Hz，允许偏差 ±5%；正弦波，谐波含量小于 5%。

2）直流电源：220V、110V，允许偏差为 -20%～+15%；直流电源电压纹波系数小于 5%。

（2）检查方法。装置工作电源在 80%～115% 额定电压间波动，测量装置是否稳定工作。

三、守时功能验收

1. 检查内容及标准

（1）守时精度（铷钟）：≤1μs/h。

（2）守时精度（恒温晶振）：≤200μs/天。

（3）守时时间：≥24h。

2. 检查方法

进行系统主时钟自守时性能检测前，需保证主时钟已锁定外部时间基准（如卫星源）至少 2h 以上，且不能对主时钟做频繁的源切换操作。锁定 2h 后可测 24h 守时精度；当完成上述步骤后，记录当前系统主时钟 IRIG-B（DC）码时间准确度，拔除主时钟外部时间基准（天线和光纤），此后每隔 2～6h 记录一次时间准确度，当检测时间达到 24h 后即可完成自守时性能检测，此时根据记录数据绘制内部偏移曲线，计算每天的守时偏移量。

四、告警输出功能验收

1. 检查项目及标准

告警信号输出包括：

（1）失电告警。

（2）卫星失步告警。

（3）IRIG-B（DC）码失步告警。

（4）备用告警。

（5）除失电告警外，其他告警应同时采用 MMS 方式上传至后台。

2. 检查方法

使用万用表测量或在后台查看装置在掉电、拔掉外部时钟源的情况下，装置是否告警输出；重新上电、重新接入外部时钟源的情况下，装置是否会误告警输出；同时在后台检查上送的 MMS 报文，装置应具备上送告警事件的功能。

第三节　现场验收细则

现场验收细则见表 6-1。

表 6-1　　　　　　　　　　现场验收细则

序号	验收项目	验收标准	检查方式	验收结论（是否合格）	验收问题说明
		一、外观及软硬件配置检查			
1	外观检查	外观应无明显划痕及损伤。 铭牌内容完整、字迹清晰。 装置具备接地标志等。 接线端子应无缺少、损坏或无标记。 液晶屏幕显示清楚，指示灯应无损坏，或无标记。 光纤接口应无缺少、损坏或无标记。 应无存在严重影响检测工作进行的其他缺陷	现场检查	□是　　□否	

续表

序号	验收项目		验收标准	检查方式	验收结论（是否合格）		验收问题说明
2	硬件及接口配置检查	主时钟硬件配置	主时钟接收机检查：内置 BD＋GPS 接收机（含天馈线）	现场检查	□是	□否	
			输入接口配置：应具备 2 个卫星输入接口（1 个 GPS 接口和 1 个 BD 接口）。应具备 2 个 IRIG－B（DC）输入接口	现场检查	□是	□否	
			输出接口配置：应具备光纤接口、TTL 接口、RS 485 接口、RS 232 接口、静态空节点接口、网络接口、网络管理接口（自检状态信息和监测信息共用）。输出接口类型及数量根据被授时装置需求确定	现场检查	□是	□否	
			电源模块配置要求：应配置独立的双电源模块	现场检查	□是	□否	
			检验关键元器件是否和提交的关键元器件信息表信息一致	现场检查	□是	□否	
		从时钟硬件配置	内置高稳晶体钟	现场检查	□是	□否	
			接入接口配置：2 个 IRIG－B（DC）输入接口	现场检查	□是	□否	
			对时接口配置：输出接口类型及数量根据被授时装置需求确定。可包括以下几种类型：光纤接口（可配置输出 IRIG－B（DC）和脉冲信号）；TTL 接口（可配置输出 IRIG－B（DC）和脉冲信号）；RS 485 接口（可配置输出 IRIG－B（DC）和脉冲信号）；RS 232 接口（输出串口对时报文）；静态空节点接口（输出脉冲信号）；网络接口	现场检查	□是	□否	
			电源模块配置：应配置独立的双电源模块	现场检查	□是	□否	
3	软件配置检查验收	软件配置检验	装置版本信息由装置型号、装置名称、软件版本、程序校验码、程序生成时间、ICD 模型版本、ICD 模型校验码、CID 模型版本、CID 模型校验码九部分组成	现场检查	□是	□否	
二、接收器和天线检查							
4	接收器和天线测试	同步跟踪测试	冷起动时，不少于 4 颗，热起动时，不少于 1 颗卫星	现场检查	□是	□否	
		主时钟捕获时间测试	热起动小于 2min，冷起动小于 20min	现场检查/资料检查	□是	□否	

续表

序号	验收项目		验收标准	检查方式	验收结论（是否合格）	验收问题说明
三、面板及告警检查						
5	面板及告警检查	电源指示	电源状态指示	现场检查	□是　　□否	
		信号指示	时间同步信号输出指示灯（正常：1PPS同步闪烁；故障：熄灭或常亮）。外部时间基准信号状态指示。当前使用的时间基准信号	现场检查	□是　　□否	
		时间显示	正确显示年、月、日、时、分、秒（北京时间）	现场检查	□是　　□否	
		故障信息显示	正确显示故障信息	现场检查	□是　　□否	
		告警接点检查	电源中断告警。故障状态告警（包含卫星失步、IRIG-B码失步等）	现场检查	□是　　□否	
四、基本功能检验						
6	装置功能检验	守时稳定度	装置原先处于跟踪锁定状态，工作过程中与所有外部时间基准信号失去同步后应进入守时状态。守时精度优于 $1\mu s/h$	现场检查/资料检查	□是　　□否	
		输入延时/输出延迟补偿功能	装置应具有输入延时/输出延迟补偿功能	现场检查	□是　　□否	
		自复位能力	时间同步装置复位时应不输出时间同步信号，复位后应能恢复正常工作	现场检查	□是　　□否	
7	时源选择及切换功能检验	主、从时钟时源选择及切换功能检验	GPS 主时钟与北斗主时钟都锁定各自卫星信号时，默认北斗主时钟为同步基准源，此时 GPS 主时钟与北斗主时钟保持同步，扩展时钟与北斗主时钟保持同步；且考虑 GPS 主时钟与北斗主时钟的初始状态到此状态的切换，具有时间差时采用步进方式实现稳定输出，最大步长不超过 $0.2\mu s/s$	现场检查/资料检查	□是　　□否	
			当北斗主时钟丢失卫星信号，GPS 主时钟锁定卫星信号时，以 GPS 主时钟为同步基准源，此时北斗主时钟与 GPS 主时钟保持同步；扩展时钟与 GPS 主时钟保持同步；且考虑 GPS 主时钟与北斗主时钟的初始状态到此状态的切换，具有时间差时采用步进方式实现稳定输出，最大步长不超过 $0.2\mu s/s$	现场检查/资料检查	□是　　□否	
			当 GPS 主时钟丢失卫星信号，北斗主时钟锁定卫星信号时，以北斗主时钟为同步基准源，此时 GPS 主时钟与北斗主时钟保持同步；扩展时钟与北斗主时钟保持同步；且考虑 GPS 主时钟与北斗主时钟的初始状态到此状态的切换，具有时间差时采用步进方式实现稳定输出，最大步长不超过 $0.2\mu s/s$	现场检查/资料检查	□是　　□否	

续表

序号	验收项目		验收标准	检查方式	验收结论（是否合格）	验收问题说明
7	时源选择及切换功能检验	主、从时钟时源选择及切换功能检验	GPS 主时钟与北斗主时钟都丢失卫星信号时，默认以北斗主时钟所在守时时钟源为同步基准源，此时 GPS 主时钟与北斗主时钟保持同步；扩展时钟与北斗主时钟保持同步；且考虑 GPS 主时钟与北斗主时钟的初始状态到此状态的切换，有时间差时采用步进方式实现稳定输出，最大步长不超过 0.2μs/s	现场检查/资料检查	□是　□否	
8	闰秒处理功能	主、从时钟闰秒处理功能检验	装置显示时间应与内部时间一致。当闰秒发生时，装置应正常响应闰秒，且不应发生时间跳变等异常行为，闰秒预告位应在闰秒来临前最后1min内的第一秒置1，在闰秒到来后的00s置0，闰秒标志位置0表示正闰秒，置1表示负闰秒。闰秒处理方式为：正闰秒处理方式：····→57s→58s→59s→60s→00s→01s→02s→····	现场检查/资料检查	□是　□否	
			负闰秒处理方式：····→57s→58s→00s→01s→02s→····	现场检查/资料检查	□是　□否	
			闰秒处理应在北京时间 1 月 1 日 7 时 59 分、7 月 1 日 7 时 59 分两个时间内完成调整	现场检查/资料检查	□是　□否	

五、输出信号功能检验

序号	验收项目		验收标准	检查方式	验收结论（是否合格）	验收问题说明
9	输出信号功能检验	输出信号类型	装置应可输出 IRIG－B 码信号、脉冲信号、串口时间报文信号、网络时间报文信号	现场检查/资料检查	□是　□否	
		时间同步信号输出状态	装置初始化状态（装置上电后，未与外部时间基准信号同步前）不应有输出	现场检查	□是　□否	
			装置跟踪锁定状态（装置正与至少一路外部时间基准信号同步）应有输出	现场检查	□是　□否	
			装置守时保持状态（装置原先处于跟踪锁定状态，工作过程中与所有外部时间基准信号失去同步）应有输出	现场检查	□是　□否	

六、输出信号性能检验

序号	验收项目		验收标准	检查方式	验收结论（是否合格）	验收问题说明
10	输出信号性能检验	脉冲信号	脉冲信号宽度应在 10～200ms 范围内	现场检查/资料检查	□是　□否	
			TTL 脉冲信号准时沿上升时间应不大于100ns，上升沿的时间准确度应优于1μs	现场检查/资料检查	□是　□否	
			静态空接点脉冲信号准时沿上升时间应不大于1μs，上升沿的时间准确度应优于 3μs	现场检查/资料检查	□是　□否	

续表

序号	验收项目		验收标准	检查方式	验收结论 （是否合格）		验收问题 说明
10	输出信号性能检验	脉冲信号	RS 422/485 脉冲信号准时沿上升时间应不大于 100ns，上升沿的时间准确度应优于 1μs	现场检查/资料检查	□是	□否	
			光纤脉冲信号时间准确度应优于 1μs	现场检查/资料检查	□是	□否	
		IRIG-B 码	IRIG-B 码应为每秒 1 帧，每帧含 100 个码元，每个码元 10ms	现场检查/资料检查	□是	□否	
			RS 485 IRIG-B 码上升沿的时间准确度应优于 1μs，抖动时间应小于 200ns	现场检查/资料检查	□是	□否	
			光纤 IRIG-B 码上升沿的时间准确度应优于 1μs，抖动时间应不大于 200ns	现场检查/资料检查	□是	□否	
		串口时间报文	串口报文格式应包含时区信息、时间质量信息、闰秒标识信息和年、月、日、时、分、秒等时间信息。 RS 232C 串行口时间报文对时的时间准确度应优于 5ms	现场检查/资料检查	□是	□否	
		IRIG-B 码精度测试	主时钟采用北斗和 GPS 对时方式条件下，IRIG-B（DC）时码准时上升沿的时间准确度不大于 1μs	现场检查/资料检查	□是	□否	
		NTP 信号	网络时间同步应支持客户端/服务器模式	现场检查/资料检查	□是	□否	
			网络对时报文对时的时间准确度优于 10ms	现场检查/资料检查	□是	□否	

附录 A　IRIG－B 码码元定义及波形

IRIG－B 码码元定义见表 A1，波形如图 A1 所示。IRIG－B 码中的时间为北京时间。

表 A1　　　　　　　　　　**IRIG－B 码码元定义表**

码元序号	定义	说明
0	Pr	基准码元
1～4	秒个位，BCD 码，低位在前	
5	索引位	置"0"
6～8	秒十位，BCD 码，低位在前	
9	P1	位置识别标志#1
10～13	分个位，BCD 码，低位在前	
14	索引位	置"0"
15～17	分十位，BCD 码，低位在前	
18	索引位	置"0"
19	P2	位置识别标志#2
20～23	时个位，BCD 码，低位在前	
24	索引位	置"0"
25～26	时十位，BCD 码，低位在前	
27～28	索引位	置"0"
29	P3	位置识别标志#3
30～33	日个位，BCD 码，低位在前	
34	索引位	置"0"
35～38	日十位，BCD 码，低位在前	
39	P4	位置识别标志#4
40～41	日百位，BCD 码，低位在前	
42～48	索引位	置"0"
49	P5	位置识别标志#5
50～53	年个位，BCD 码，低位在前	
54	索引位	置"0"
55～58	年十位，BCD 码，低位在前	

续表

码元序号	定义	说明
59	P6	位置识别标志#6
60	闰秒预告（LSP）	在闰秒来临前 59s 置 1，在闰秒到来后的 00s 置 0
61	闰秒（LS）标志	"0"：正闰秒，"1"：负闰秒
62	夏时制预告（DSP）	在夏时制切换前 59s 置 1
63	夏时制（DST）标志	在夏时制期间置 "1"
64	时间偏移符号位	"0"：+，"1"：−
65～68	时间偏移（小时），二进制，低位在前	时间偏移＝IRIG−B 时间−UTC 时间（时间偏移在夏时制期间会发生变化）
69	P7	位置识别标志#7
70	时间偏移（0.5h）	"0"：不增加时间偏移量 "1"：时间偏移量额外增加 0.5h
71～74	时间质量，二进制，低位在前	0x0：正常工作状态，时钟同步正常 0x1：时钟同步异常，时间准确度优于 1ns 0x2：时钟同步异常，时间准确度优于 10ns 0x3：时钟同步异常，时间准确度优于 100ns 0x4：时钟同步异常，时间准确度优于 1μs 0x5：时钟同步异常，时间准确度优于 10μs 0x6：时钟同步异常，时间准确度优于 100μs 0x7：时钟同步异常，时间准确度优于 1ms 0x8：时钟同步异常，时间准确度优于 10ms 0x9：时钟同步异常，时间准确度优于 100ms 0xA：时钟同步异常，时间准确度优于 1s 0xB：时钟同步异常，时间准确度优于 10s 0xF：时钟严重故障，时间信息不可信赖
75	校验位	从"秒个位"至"时间质量"按位（数据位）进行校验的结果，校验方式可配置奇校验或偶校验，默认为奇校验
76～78	保留	置 "0"
79	P8	位置识别标志#8
80～88，90～97	一天中的秒数（SBS），二进制，低位在前	
89	P9	位置识别标志#9
98	索引位	置 "0"
99	P0	位置识别标志#0

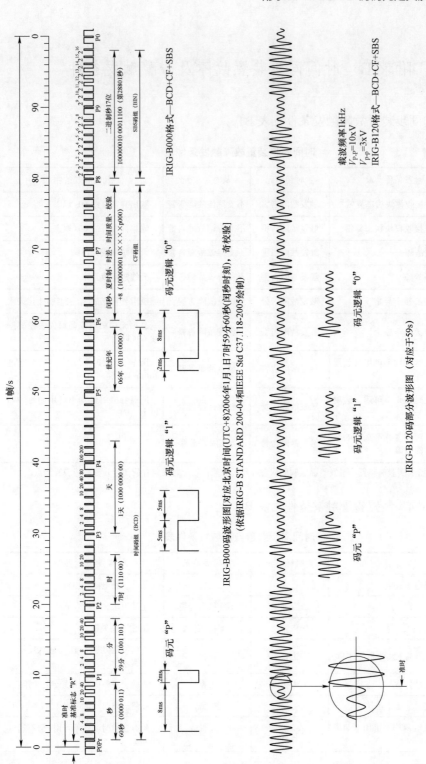

图 A1 IRIG-B 码的波形图

附录 B　时间同步装置故障及告警触发条件

时间同步装置故障触发条件见表 B1。

表 B1　　　　　　　　时间同步装置故障触发条件表

触发条件	主时钟单元	从时钟单元	判断触发条件
北斗卫星接收模块状态异常	触发故障告警	不支持该故障告警	输出异常持续 60s 以上
GPS 卫星接收模块状态异常	触发故障告警	不支持该故障告警	输出异常持续 60s 以上
北斗天线故障	触发故障告警	不支持该故障告警	天线短路或开路
GPS 天线故障	触发故障告警	不支持该故障告警	天线短路或开路
CPU 等核心板卡异常	触发故障告警	触发故障告警	板卡异常或故障,板卡初始化失败
晶振驯服状态异常	触发故障告警	触发故障告警	晶振无法驯服或晶振失去控制持续 60s 以上
所有独立时源均不可用（装置首次同步）	触发故障告警	触发故障告警	所有独立时源均不可用超过 30min 以上
所有独立时源均不可用（装置曾经同步过）	触发故障告警	触发故障告警	所有独立时源均不可用超过 24h 以上
其他的不可恢复或严重影响装置正常运行的故障	触发故障告警	触发故障告警	

注　晶振未驯服前装置不触发"晶振驯服状态异常"故障；以上触发条件应闭合装置故障告警接点。

时间同步装置告警触发条件见表 B2。

表 B2　　　　　　　　时间同步装置告警触发条件表

触发条件	主时钟单元	从时钟单元	判断触发条件
任何一路电源失电	告警	告警	任何一路电源失电
北斗卫星失锁	告警	不支持该告警	北斗卫星失锁
GPS 卫星失锁	告警	不支持该告警	GPS 卫星失锁
IRIG-B 码输入质量低于本机	告警	告警	任何一路 IRIG-B 码输入质量低于装置本身
时间连续性异常	告警	告警	任何一路时间源出现连续性异常
任何一路时间源不可用	告警	告警	任何一路时间源不可用
所有独立时源均不可用（装置首次同步）	告警	告警	所有独立时源均不可用,但不超过 30min

续表

触发条件	主时钟单元	从时钟单元	判断触发条件
所有独立时源均不可用（装置曾经同步过）	告警	告警	所有独立时源均不可用，但不超过24h
其他的可恢复或不影响装置正常运行的故障	告警	告警	

注　除"任何一路电源失电"外不应闭合装置故障告警接点。

附录 C　时间同步装置菜单配置要求

C1　"装置状态"菜单内容

"装置状态"菜单内容见表 C1。装置本级菜单应包含表 C1 所有内容，装置本级菜单可定义其他内容，应紧跟表 C1 所有内容排列。

表 C1　　　　　　　　　时间同步装置状态菜单定义表

一级菜单	应包含的内容	含义	参数值	
装置状态	电源状态	当前每路电源的工作状态	正常/异常	
	频率源驯服状态	当前装置频率源驯服状态	驯服/未驯服	
	告警状态	当前装置告警状态	当前触发告警的原因	
	北斗状态	当前北斗时源各项状态	同步状态 天线状态 模块状态 卫星颗数 通道差值	同步/失步 正常/异常 正常/异常 实时值，无符号整数，单位颗 实时差值，有符号整数，单位：ns
	GPS 状态	当前 GPS 时源各项状态	同步状态 天线状态 模块状态 卫星颗数 通道差值	同步/失步 正常/异常 正常/异常 实时值，无符号整数，单位颗 实时差值，有符号整数，单位：ns
	IRIG-B1 状态	当前第一路 IRIG-B 码输出各项状态	同步状态 质量位 通道差值	同步/失步 实时值，无符号整数 实时差值，有符号整数，单位：ns
	IRIG-B2 状态	当前第二路 IRIG-B 码输出各项状态	同步状态 质量位 通道差值	同步/失步 实时值，无符号整数 实时差值，有符号整数，单位：ns

C2　"参数设置"菜单内容

"参数设置"菜单内容见表 C2。装置本级菜单应包含表 C2 中所有内容，装置本级菜单可定义其他内容，应紧跟表 C2 中所有内容排列。菜单内容修改后应进行密码确认，密码为 0001。

表 C2　　　　　　　　　时间同步参数设置菜单定义表

一级菜单	应包含的内容	含义	参数值
参数设置	主从配置	进行装置运行模式配置	主钟/从钟

续表

一级菜单	应包含的内容	含义	参数值	
参数设置	串口信息	进行串口报文输出方式配置	串口报文类型	
			串口报文波特率	4800/9600
			串口报文校验方式	无/奇/偶
	IP 配置	进行 3 层网口配置	IP 地址	
			子网掩码	
			网关	
	延迟补偿	进行各路输入时源延迟补偿配置	输入补偿	单位：ns
	监测功能配置	监测功能是否启用	监测功能	启用/停止

C3　"日志查询"菜单内容

能够正确显示至少最近 200 条的日志内容，每条日志内容应包括年月日时分秒及触发事件。时间同步装置日志内容应正确记录表 C3 所要求的事件。

日志显示格式：条目号+日期（年月日时分秒）+日志内容

表 C3　　　　　　　　　时间同步装置日志记录事件表

日志内容及触发事件	主时钟单元	从时钟单元
北斗信号异常/恢复	记录	不记录
GPS 信号异常/恢复	记录	不记录
IRIG－B1 信号异常/恢复	记录	记录
IRIG－B2 信号异常/恢复	记录	记录
北斗天线状态异常/恢复	记录	不记录
GPS 天线状态异常/恢复	记录	不记录
北斗卫星接收模块状态异常/恢复	记录	不记录
GPS 卫星接收模块状态异常/恢复	记录	不记录
北斗/GPS/IRIG－B1/IRIG－B2 信号跳变状态异常/恢复	记录	记录
晶振驯服状态异常/恢复	记录	记录
初始化状态异常/恢复	记录	记录
电源模块状态异常/恢复	记录	记录
时间源选择结果	记录	记录

附录 D　主时钟多时源选择

D1　初始化及守时恢复多源选择逻辑

主时钟开机初始化及守时恢复多源选择不考虑本地时钟，仅两两比较外部时源之间的时钟差，时钟差测量表示范围应覆盖年月日时分秒毫秒微妙纳秒，具体选择逻辑见表 D1。

表 D1　　　　　主时钟开机初始化及守时恢复多源选择逻辑表

北斗信号	GPS信号	有线时间基准信号	北斗信号与GPS信号的时间差	北斗信号与有线时间基准信号的时间差	GPS信号与有线时间基准信号的时间差	基准信号选择
有效	有效	有效	小于5μs	无要求	无要求	选择北斗信号
			大于5μs	小于5μs	无要求	选择北斗信号
			大于5μs	大于5μs	小于5μs	选择GPS信号
			大于5μs	大于5μs	大于5μs	连续进行不小于20min的有效性判断后，若保持当前条件不变则选择北斗信号
有效	有效	无效	小于5μs	—	—	选择北斗信号
			大于5μs	—	—	连续进行不小于20min的有效性判断后，若保持当前条件不变则选择北斗信号
有效	无效	有效	—	小于5μs	—	选择北斗信号
			—	大于5μs	—	连续进行不小于20min的有效性判断后，若保持当前条件不变则选择北斗信号
无效	有效	有效	—	—	小于5μs	选择GPS信号
			—	—	大于5μs	连续进行不小于20min的有效性判断后，若保持当前条件不变则选择GPS信号
有效	无效	无效				外部仅有一个时源的守时态，本地时源参与运算，若外部时源与本地时源偏差大于5μs，则按照守时恢复逻辑进行20min判断后进行时源选择；若外部时源与本地时源偏差在5μs之内，则直接跟踪该源

续表

北斗信号	GPS信号	有线时间基准信号	北斗信号与GPS信号的时间差	北斗信号与有线时间基准信号的时间差	GPS信号与有线时间基准信号的时间差	基准信号选择
无效	有效	无效	—	—	—	外部仅有一个时源的守时态，本地时源参与运算，若外部时源与本地时源偏差大于5μs，则按照守时恢复逻辑进行20min判断后进行时源选择；若外部时源与本地时源偏差在5μs之内，则直接跟踪该源
无效	无效	有效	—	—	—	外部仅有一个时源的守时态，本地时源参与运算，若外部时源与本地时源偏差大于5μs，则按照守时恢复逻辑进行20min判断后进行时源选择；若外部时源与本地时源偏差在5μs之内，则直接跟踪该源
无效	无效	无效	—	—	—	保持初始化状态或守时

注　1. 连续进行不少于20min的有效性判断内，满足表中其他条件时，按照所满足条件的逻辑选择出基准时源。

　　2. 外部仅有一个时源的守时态，本地时源参与运算，若外部时源与本地时源偏差大于5μs，则按照守时恢复逻辑进行20min判断后进行时源选择；若外部时源与本地时源偏差在5μs之内，则直接跟踪该源，避免因外部时源信号短时中断，造成同步频繁异常的情况。

D2　运行状态多源选择逻辑

主时钟运行状态的多源选择逻辑应考虑本地时钟，两两比较各时源之间的时钟差，时钟差测量表示范围应覆盖年月日时分秒毫秒微妙纳秒，具体选择逻辑见表 D2。

表 D2　　　　　　　　　　　　运行状态的多源选择逻辑表

有效独立外部时源路数	时源钟差区间分布比例（每5μs为一个区间）	热备信号	基准信号选择
3	4:0	无要求	从数量为4的区间中按照优先级选出基准信号
	3:1	无要求	从数量为3的区间中按照优先级选出基准信号
	2:2	无要求	选择北斗信号
	2:1:1	无要求	从数量为2的区间中按照优先级选出基准信号
	1:1:1:1	无要求	进入守时状态，按照守时恢复逻辑进行选择
2	3:0	无要求	从数量为3的区间中按照优先级选出基准信号
	2:1	无要求	从数量为2的区间中按照优先级选出基准信号
	1:1:1	无要求	进入守时状态，按照守时恢复逻辑进行选择

续表

有效独立外部时源路数	时源钟差区间分布比例（每 5μs 为一个区间）	热备信号	基准信号选择
1	2:0	无要求	从数量为 2 的区间中按照优先级选出基准信号
	1:1	无要求	进入守时状态，按照守时恢复逻辑进行选择
0	—	有效	选择热备信号作为基准信号
	—	无效	无选择结果，进入守时

注　1. 本地时源计入时源总数。

　　2. 阈值区间为 ±5μs，即两两间钟差的差值都（与关系）小于 ±5μs 的时源，则认为这些时源在一个区间。

　　3. 选择热备信号为基准信号时，本地时钟输出时间信号的时间质量码应在热备信号的时间源质量码基础上增加 2。

　　4. 在守时恢复锁定某一外部时源并向其跟进的过程中，应按照守时恢复逻辑进行判断，当本地钟和外部时源同步后再进入到运行态，按照运行态进行逻辑判断，即在跟进过程中本地时源不参与运算。

附 录 E 测 试 报 告

测试报告见表 E1。

表 E1 测 试 报 告

测试项目	测试要求	测试结果
时间同步信号输出状态检验	装置初始化状态（装置上电后，未与外部时间基准信号同步前）不应有输出	合格
	装置跟踪锁定状态（装置正与至少一路外部时间基准信号同步）应有输出	合格
	装置守时保持状态（装置原先处于跟踪锁定状态，工作过程中与所有外部时间基准信号失去同步）应有输出	合格
脉冲信号宽度检验	脉冲信号宽度应在 10～200ms 范围内	合格 100ms（10～200ms 可设置）
TTL 脉冲信号检验	TTL 脉冲信号准时沿上升时间应不大于 100ns，上升沿的时间准确度应优于 1μs	上升时间：50ns 时间准确度：−65ns
静态空接点脉冲信号检验	静态空接点准时沿上升时间应≤1μs，上升沿的时间准确度应优于 3μs	上升时间：150ns 时间准确度：145ns
IRIG−B 码元检验	IRIG−B 码应为每秒 1 帧，每帧含 100 个码元，每个码元 10ms	合格
	IRIG−B 码的码元信息应包含：时区信息、时间质量信息（应使待测时钟在锁定状态及守时保持状态之间切换，观察时间质量信息的变化）、闰秒标识信息、SBS 信息	合格
RS 485 IRIG−B 信号检验	RS 485 IRIG−B 码上升沿的时间准确度应优于 1μs，抖动时间应小于 200ns	合格 上升时间：30ns 时间准确度：−65ns 抖动：20ns
光纤 IRIG−B 信号检验	光纤 IRIG−B 码上升沿的时间准确度应优于 1μs，抖动时间应不大于 200ns	合格 时间准确度：−75ns 抖动：20ns
串行口时间报文检验	RS 232C 串行口时间报文对时的时间准确度应优于 5ms	合格 时间精度：−5.585μs
	串口报文格式应包含时区信息、时间质量信息、闰秒标识信息和年、月、日、时、分、秒等时间信息	合格
NTP 信号检验	网络时间同步应支持客户端/服务器模式	合格
	网络对时报文对时的时间准确度优于 10ms	网口 1： −50.193～−34.436μs 网口 2： −40.206～−34.028μs 网口 3： −40.389～−33.321μs 网口 4： −40.628～−35.063μs

续表

测试项目	测试要求	测试结果
PTP（精确网络时间同步）检验	支持 IEC 61588 网络测量和控制系统的精密时钟同步协议；具备 E2E 和 P2P 两种授时模式；支持用户数据报（UDP）和 IEEE 802.3/Ethernet 映射；支持基于 MAC 的组播方式；支持一步、两步工作模式；支持双网对时及 BMC；支持硬件报文过滤；支持 PTP 从时钟对时状态的监测；支持的事件报文包含 Sync、Delay_Req、Pdelay_Req、Pdelay_Resp；支持的通用报文包含 Announce、Follow_Up、Delay_Resp、PDelay_Resp_Follow_Up	合格
	PTP 授时精度应优于 1μs	用 100M 电模块测得 PTP1：−343～−234ns PTP2：−174～225ns PTP3：−254～188ns PTP4：−288～267ns
输入延时/输出延迟补偿功能检验	装置应具有输入延时/输出延迟补偿功能	合格
主时钟多时源选择与切换功能检验	主时钟开机初始化及守时恢复多源选择不考虑本地时钟，仅两两比较外部时源之间的时钟差，时钟差测量表示范围应覆盖年月日时分秒毫秒微秒纳秒	合格
	主时钟运行状态的多源选择逻辑应考虑本地时钟，两两比较各个时源之间的时钟差，时钟差测量表示范围应覆盖年月日时分秒毫秒微秒纳秒	合格
	主时钟在正常工作阶段或从守时恢复锁定或时源切换时，不应采用瞬间跳变的方式跟踪，而应采取逐渐逼近的方式，输出调整过程均匀平滑，滑动步进 0.2μs/s（切换后正常跟踪需要的微调量可小于该值），调整过程中相应的时间质量位应同步逐级收敛直至 0。而在初始化阶段，因在锁定信号前禁止时间信号输出，可快速跟踪选定的时源后输出时间信号	合格
从时钟时源选择及切换功能检验	从时钟外部输入 IRIG−B 码信号优先级应可设置，默认主时钟 1 信号优先级高于主时钟 2 信号，主时钟 1 的 IRIG−B 信号时间质量表示为 A，主时钟 2 的 IRIG−B 信号时间质量为 B。在两路输入时源时间质量相等的情况下选择高优先级的 IRIG−B 信号作为基准时源，其余条件选择时间质量数值较低的时源作为基准	合格
	从时钟在正常工作阶段或从守时恢复锁定或时源切换时，不应采用瞬间跳变的方式跟踪，而应采取逐渐逼近的方式，输出调整过程均匀平滑，滑动步进 0.2μs/s（切换后正常跟踪需要的微调量可小于该值），调整过程中相应的时间质量位应同步逐级收敛。而在初始化阶段，因在锁定信号前禁止时间信号输出，可快速跟踪选定的时源后输出时间信号	合格
主时钟闰秒处理功能检验	装置显示时间应与内部时间一致。当闰秒发生时，装置应正常响应闰秒，且不应发生时间跳变等异常行为，闰秒预告位应在闰秒来临前最后 1 分钟内的第 1 秒置 1，在闰秒到来后的 00s 置 0，闰秒标志位置 0 表示正闰秒，置 1 表示负闰秒。闰秒处理方式为：正闰秒处理方式：----→57s→58s→59s→60s→00s→01s→02s→----	合格（用 B1 测得）
	负闰秒处理方式：----→57s→58s→00s→01s→02s→----	合格（用 B1 测得）

测试项目	测试要求	测试结果
主时钟闰秒处理功能检验	闰秒处理应在北京时间 1 月 1 日 7 时 59 分、7 月 1 日 7 时 59 分两个时间内完成调整	合格（用 B1 测得）测试 ±8 时区，1 月/4 月/7 月/10 月闰秒均正常
从时钟闰秒处理功能检验	装置显示时间应与内部时间一致。当闰秒发生时，装置应正常响应闰秒，且不应发生时间跳变等异常行为，闰秒预告位应在闰秒来临前最后 1 分钟内的第 1 秒置 1，在闰秒到来后的 00s 置 0，闰秒标志位置 0 表示正闰秒，置 1 表示负闰秒。闰秒处理方式为：正闰秒处理方式：----→57s→58s→59s→60s→00s→01s→02s→----	合格
	负闰秒处理方式：----→57s→58s→00s→01s→02s→----	合格
	闰秒处理应在北京时间 1 月 1 日 7 时 59 分、7 月 1 日 7 时 59 分两个时间内完成调整	合格 测试 ±8 时区，1 月/4 月/7 月/10 月闰秒均正常
主时钟捕获时间性能检验	冷启动启动时间应小于 1200s	北斗冷启动：7min 34s GPS 冷启动：9min 46s
	热启动时间应小于 120s	北斗热启动：1min 01s GPS 热启动：52s
守时性能检验	预热时间不应超过 2h，在守时 12h 状态下的时间准确度应优于 1μs/h	960ns/12h
监测性能检验	NTP 乒乓监测精度应优于 1ms。GOOSE 乒乓监测精度应优于 1ms	NTP 监测 NTP1：−0.018ms NTP2：−0.010ms GOOSE 监测：0.027ms
稳定运行试验	时间同步设备或系统应能 72h 连续正常通电运行，功能和性能与连续通电前保持一致	合格